中华传统礼仪服饰与古代色彩观

论坛文集 2021

山东省服装设计协会 · 编

中国纺织出版社有限公司

内 容 提 要

本书辑录"中华传统礼仪服饰与古代色彩观论坛"18篇论文，分为服饰篇和色彩篇两部分。服饰篇含9篇论文，分别从华服、礼仪、文化等方面对中华传统礼仪服饰进行深入阐述。色彩篇含9篇论文，分别从朝代和民族服饰色彩、意义及应用等方面对中国古代色彩观进行论述。各篇论文研究深入、论证严密、逻辑清晰、自成体系，可供服饰文化研究者、华服爱好者学习参考。

图书在版编目（CIP）数据

中华传统礼仪服饰与古代色彩观论坛文集．2021 / 山东省服装设计协会编．-- 北京：中国纺织出版社有限公司，2021.12

ISBN 978-7-5180-8850-8

Ⅰ．①中… Ⅱ．①山… Ⅲ．①服饰文化—礼仪—中国—文集②色彩学—中国—古代—文集 Ⅳ．
① TS941.12-53 ② J063-53

中国版本图书馆 CIP 数据核字（2021）第 175812 号

责任编辑：郭 沫 责任校对：王蕙莹 责任印制：王艳丽

中国纺织出版社有限公司出版发行
地址：北京市朝阳区百子湾东里A407号楼 邮政编码：100124
销售电话：010 — 67004422 传真：010 — 87155801
http: //www.c-textilep.com
中国纺织出版社天猫旗舰店
官方微博http://www.weibo.com/2119887771
北京华联印刷有限公司印刷 各地新华书店经销
2021年12月第1版第1次印刷
开本：889×1194 1/16 印张：13.5
字数：238千字 定价：268.00元

委员会

主　席
潘鲁生

顾　问
刘元风

策　划
谢大勇

论坛文集编委会
（按姓氏笔画）

王永进
周　锦
贾玺增
董　进
董清松
谢大勇

发现中华服饰之美

服饰之美，是华夏文明最为精彩的组成部分。古人云："中国有礼仪之大，故称夏，有服章之美，谓之华。华夏一也。"孔子曰："君子正其衣冠""文质彬彬，然后君子"。作为衣冠上国，礼仪之邦，56个民族以礼仪为轴，生活为域，美为向度，中华民族创造了光辉灿烂的服饰文化。

服饰是经济发展、物质生产、技术进步的结果，也是时代精神的体现。从传统文化到当代时尚，中华美学的创造性转化、创新性发展，成为增强民族文化自信的基石，发挥着沟通世界、传递价值的作用。近年来，随着国人文化自信意识的增强，极大地提升了年轻人的民族自豪感。"汉服热""国潮风"等文化现象，已成为当下年轻人表达文化身份、建立生活仪式感、塑造自身个性形象的自觉选择，形成了跨越网络与现实、文化与旅游、影像与叙事的多元表达。发现中华服饰之美，正是今日中国服装设计师彰显自身文化身份，凝聚文化认同的回归之路。

服饰之中蕴含了中华民族文化的精神基因。所谓"图必有意，意必吉祥"，形色结合的传统吉祥纹饰仍然具有强大而鲜活的生命力。从色彩上看，历史上的十二章纹"以五彩彰施于五色作服"象征取义的冠服制度，五色蕴含了丰富的符号内涵；"黼黻文章、黼绣华章"，服装纹饰里渗透着延绵赓续的文明进程和社会生活。从工艺上，绫、罗、绸、缎、丝、帛、锦、绢，挑花刺绣、各色织锦，智慧的民众创造了"衣作绣、锦为缘"的华美；在地域上，广袤的中华大地孕育了华夏56个民族绚丽多彩的服饰美学。总之，中华服饰文化是取之不竭的宝库。今天礼乐制度内涵虽然有所弱化，但和谐心理追求、吉祥喜庆情感表达却一直在生活中绵延存续。今天的民俗服饰、职业服饰、学位服等礼仪服饰领域，（可能）更需要结合当代社会语境，恰当运用五色原理（正色）加以设计创新，赋予服饰更深层的文化内涵和更鲜明的时代特色。让中华服饰文化"冠带传流"，彰显民族精神，弘扬民族自信！

　　值此中华传统礼仪服饰与古代色彩观论坛研讨之际，作为本次论坛轮值主席，希望本次论坛能够回顾和阐释中华服饰文化中的智慧与情感、创造与包容，探讨发现重要仪式场合以及日常生活中的传统服饰与色彩应用价值，通过中国古代服饰在重大礼仪中的表现来演绎中国服饰美学精神，体悟和传承中华优秀传统文化。当然，更希望在传播中华服饰之美的同时在当代生活中创造性转化，呈现出"中国人穿中国衣"的中国风格、中国气派，提振民族自豪感，树牢文化自信心，加强国际华服设计交流，共商服饰设计的新命题。我相信通过本次论坛的积极研讨，中华服饰内在的文化精神和东方意蕴必将展现出强大的生命力。

潘鲁生

2021年8月

初心与回顾

华服起，中国兴；华服美，世界靓。

华服，是华夏之衣冠，是中华民族五千年来的衣冠总成，是中华民族"礼"文化的外现。对于一名从事服装设计四十余年的服装设计师而言，举办一次国际性的华服大赛依然是不易之事。幸好，任何一件真正的善事，都有善缘来护佑。

作为一名山东人、一名山东服装设计师协会会长、一名山东企业的董事长（山东太阳鸟服饰有限公司）、一名中国十佳时装设计师、一名老军人的女儿、一名纺织非遗的收藏家、一名中国文化的践行者，我一直葆有舍我其谁的担当之心。

这个大赛，由太阳鸟服饰有限公司出资，家人捐资、关心，老师指导，恩师帮助，同事全力以赴，更有社会四面八方的襄助。所有能够助力本次大赛的资源，都调动起来，助推前行。

近日我在不断地思考到底是什么样的初心，让我有着这样不竭的动力？让我能在近花甲之年，无所畏惧地带领"太阳鸟人"去打一场华服崛起、民族自信的大仗？

我想，或许能从我的成长中觅到答案。我是军人的后代，父亲是参加过南征北战、抗美援朝的军人，我从小听着党史和伟大的战争故事长大的。在我幼小的心灵中，精忠报国、国家兴亡匹夫有责等词语就深深地镌刻在我的脑海中。山东人的坚韧、进取、耿直和吃苦耐劳，几十年来，伴随着我几十年的岁月，助力我走到今天。

从小到大，我一直在专注做一件事，那就是服装设计。这是我的热爱，更是我一生的事业，这条设计之路迄今已走过四十二年。对一辈子而言，说来不长，但也不短！

我的企业山东太阳鸟服饰有限公司核心产业是个人防护与环境安全，而华服则是我的热爱。2020年1月19日新冠肺炎疫情在武汉暴发，我敏锐地意识到疫情的严重性，在2020年1月20日，我们及时向武汉捐助了6万只口罩，并在整个春节期间全员不休息，全力以赴支援抗疫。后来，当我看到山东有一大批奋不顾身的工信人，在国家工信部等发改部门的领导下共同抗疫时，同国家相关媒体、中国医药总公司的同志并肩作战。那时我说得最多的一句话就是"我是专家，我负责。"在疫情极为严重的大年初二，山东日照三奇医疗卫生用品有限公司急需关键的消毒柜时，我连夜从北京买了两台捐给了该企业；当枣庄市康利医疗用品有限公司急缺胶条设备时，我拆下厂里的设备送到了他们的工厂，而当他们缺乏技术指导时，我又派我们的技术人员全力以赴支援他们。我深深地感受到全民抗疫、众志成城的力量。乃至后来，太阳鸟捐中国武汉、新疆，联合包机向意大利赠送防疫物资，这些似乎都是生命中固有的慈悲。

2020年5月，当世界疫情仍然肆虐时，中国已经取得了阶段性胜利，5月2日，我在中国国际时装周上以"天德"为主题的服装秀，在无观众的特殊情形下如期举行；而我的华服设计、我的真丝防疫口罩产品竟然获誉为"疫情后引领时尚的典范"，成为《每日电讯》"全球最美图片"之美誉。我国新华社、中国网、新华网、央视网、头条等多家媒体做了全面报道。《泰晤士报》、路透社、《华盛顿邮报》等海外媒体也争相报道。让我感受到文化是最大的生产力，中国古代顺时施宜、与时偕行、依时色穿衣、天人合一的智慧，对世界服装和时尚界的影响。

2020年11月30日，在中国国际时装周，我以山东齐鲁锦、扎染、蜡染、百衲衣等元素为核心的"高手"发布会，再次获得了中国服装界的好评，获得了"中国第26届十佳时装设计师"称号。这项荣誉的获得，是再次以中国优秀传统文化与时尚元素相结合的魅力展现，也更增强了我的文化自信！

我是山东人，是山东这片热土培育了我，当我获得 2020 年"中国十佳时装设计师"后，我回到山东做的第一件事就是捐出 80 万元资金，开办公益性的"中意服装设计大师班"，培养山东企业、学校拥有自己的时尚力量，让山东不土、时尚优美而不贵，让时尚设计更快地落实到产业之中。从那时起，举办国际华服大赛，让世界了解中国时尚的初心也油然升起，萦绕在我的脑海之中。

2021 年 3 月 30 日，我的"德星"发布会绽放在新一年度的中国国际时装周上。我以"新疆棉"为主题，为自己设计了一场黑衬衣主题秀，并获得了好评。在现场采访中，"我爱新疆棉，新疆棉是我的最爱"，当我的这句发自内心的话语迸发出来后，通过海内外媒体的报道传遍了一百多个国家和地区，《参考消息》专门进行了报道。我特别开心！

要想树立文化自信，首先自己要文化自信。我这些成就的取得，是我将多年来追随独立学者、十翼书院米鸿宾老师的所学内容，部分地实践于我的事业中，没想到竟如此快地得到了绽放！老师对我每场活动的文化指引，让我的人生出现了激荡人心的高光时刻！而我也更加抑制不住对华服的热爱和扮靓世界的憧憬。正是这些满满的正能量，成为这次国际华服大赛的引擎之力。

在 2021 年 3 月 30 日，时装周结束后我回到济南，将举办首届中国国际华服大赛的成熟方案，上报给山东省工业和信息化厅。令人欣慰的是，我的方案得到了山东省工业和信息化厅的大力支持的同时还得到了山东省教育厅、尼山世界儒学中心的悉心指导，更是得到了中国服装设计师协会的联办同意，得到了北京服装学院服装艺术与工程学院王永进院长的支持与帮助，以及北京服装学院前院长刘元风的肯定，山东广播电视台更是全面参与主办。

2021 年 5 月 10 日，中国首届国际华服大赛启动仪式在北京华美绽放。这次大赛得到了中国集邮有限公司、湖南岳麓书院、中国纺织出版社有限公司、际华集团以及二十余所高校的大力支持。同期我们也做出了在华服大赛尼山论坛期间举办"中国传统礼仪服饰与古代色彩观论坛"的决定。我们祈望将国人"衣食住行"中"衣"的理念与智慧纳入论坛中，让中国的文化落地生根，承古烁今，引领华服产业迈向更高峰。

在大赛举办前，我们统一了大赛文化理念，大赛的视觉设计，大赛的主题与主题色，大赛的Logo。无论是大赛的核心视觉色，还是大赛的主字体（魏碑），我们把大赛作为一个完整践行中国优秀传统文化传承与发展的作品去展示。关于主题色，源自中国的《易经》。今年是辛丑年，是一个甲子周期以来金气最为当令的年份，因而采用岁令橙色来诠释中国的色彩智慧。另外，辅色我们采用的是土色，即以"丑年"所呼应的"艮卦"颜色为承载，推出了橙、灰结合的岁时之色的色系。

因为时尚是全世界通行的语言，因此一定要用时尚讲好中国故事。此次大赛联合我国清华大学贾玺增教授团队、北京服装学院王永进教授团队、著名时装设计师武学伟老师团队、意大利时尚协会主席马里奥·波塞利团队，以及日本色彩大师南云治嘉先生，成立大赛雄厚而专业的顾问团队，共同引领中国华服在国际时尚界发声与破壁！

2021年6月27日，我们的"华服流行趋势与纺织非遗助力乡村建设"在北京进行了主题发布会。旋即，活动便得到了国内新闻媒体面向全球的宣传推广。

什么是"华服"？怎样设计"华服"？当我们发现大家都在关心用什么标准去参赛，评委用什么样的眼光去选拔选手、去考评作品的时候，我们想到了"华服"这个概念还从来没有人去定义过。究竟什么是"华服"，棉、布、绸，这些面料都不足以涵盖华服，领、袖、身，这些形制都不足以阐述华服。于是，在山东省工业和信息化厅张忠军巡视员的指导下，在由轻工纺织产业处管晓艳处长的组织下，由我具体操办，贾玺增老师担任学术总策划，联合文字、时尚、服饰、评论专家一起，于2021年7月25日在清华大学古月堂如期举办了"华服定义"研讨会。会上，服饰大家包铭新老师、文字学大家万献初老师，以及李当岐老师、刘元风老师、贾玺增老师、王勇进老师和我，分别对"华服"进行了多维度地定义。

华服传承着中国优秀的传统文化，华服时尚是什么样的时尚？2017年中共中央办公厅、国务院办公厅印发《关于实施中华优秀传统文化传承发展工程的意见》中提出实施中华节庆礼仪服装服饰计划，设计制作展现中华民族独特文化魅力的系列服装服饰。俗话说："天下无礼乱穿衣"，孔子曰："必先正衣冠。"从苗族的家乡绣身上，到纳西族的"披星戴月"，再到"五星出东方利中国"……这些传统文化都闪烁在服装和服饰上，并成为一个国家、一个民族最珍贵的文化记忆之一。华服时代的到来，意味着中华优秀传统文化的蓬勃发展与传承时代的到来，我们通过这次华服大赛，在挖掘华服产业优秀设计力量的同时，更要将传承华服文化，打造华服时尚，定义华服概念，研究华服的"型、色、材、图"的华服通识教育，以及借鉴西方服装兴起的美学研究、服饰教育、产业营销、金融服务融合等，落实于当前的华服产业中。毋庸讳言，华服之兴，一定是在中国优秀传统文化的指导下，融合现代科技力量并汲取西方美学之力，才能真正崛起。

"以道心化人心，则国土可庄严，生命可凯旋"。这次大赛最大的收获是得到了政府、学术界和企业界的无私帮助，有这样一群侠肝义胆的人士，在为山东乃至华服的崛起而努力着，我心中充满了无限感动！

大赛之中，有六十余所高校的学生们积极参赛，知名学者刘元风、米鸿宾、卞向阳、李超德、王永进、贾玺增、谢大勇、董清松等老师也都无私地为这个大赛贡献着智慧，将大赛作为"中国起、华服兴"的大事。

而首届中国国际华服设计大赛正是在立基于中国文化自信、不忘初心的理念中，砥砺前行，实现美美与共！

最后，铭记工业和信息化部消费品工业司纺织处曹庭瑞处长之言："要让外国人穿上华服，让外国人喜欢、欣赏华服，这才是我们中国服装人应该有的样子，这才是我们中国服装人的尊严。"在此，一并感谢所有襄助大赛成功举办的诸位人士，在2021年国庆节到来之际，祝福祖国繁荣昌盛，祝福大家人生锦绣！

周锦

2021年8月14日

目 录

上篇　服饰篇

下篇 色彩篇

上篇 服饰篇

“华服”定义及其源流探讨

万献初

【摘　要】文字本身就是历史，字形结构蕴含造字之初先民的社会生活和思想，要给“华服”定义，必须先理清相关文字的构形理据及其文化内涵。“华”是“华夏、中华”的省称，起于四千年前尧舜禹大一统华夏九州，用一树繁花（華）表示华夏和华美。“服”是“衣裳、礼服”的省称，用使人劳作、服从（䑡）表示服装和礼仪，合为“华夏优美礼服”，简称“华服”。

我国服装发展的历史极为悠久，传说远古“袭叶为衣裳”“有巢氏始衣皮”，先民用树叶及动物毛皮做成衣服，服饰文化由此发端。五千年前，黄帝妃嫘祖发明养蚕缫丝方法，黄帝臣胡曹创制衣服，《吕氏春秋·审分》和《淮南子·修务》皆载“胡曹为衣”。四千年前，圣王尧、舜、禹统一“华夏”并“垂衣裳而天下治”，《尚书·禹贡》载天下九州各自贡赋蚕丝、麻棉、皮毛等制成的各色织品，夏初的服饰文化华美多彩。三千年前，周公制礼作乐，将周礼仪式与衣服紧密结合起来，“吉凶军宾嘉”五礼各有礼服，服装礼仪由此兴盛不衰。此后，大汉服装流传演化为“汉服”，盛唐服饰流传变化为“唐装”，都留下朝代和地域局限性的印记。

我国五千年历史悠久绵长，地域广阔宏远，文化深厚包容，一直是众多民族和谐统一的东方大国。当此文化自信与传统文化复兴时代，需要确定一个贯通古今、融合各民族的服装名称，“华服”就是一个代表传统服装与当代生活方式相融合，并被广泛使用的名称。但在使用“华服”过程中，出现一些歧义和误读，需要准确厘清“华服”的内涵与外延，统一“华服”的定义，确定“华服”风格进而界定“华服”的设计思路、审美标准、礼仪规范和应用场合。

名称是由文字来书写的，章太炎先生认为文字本身就是历史文化，从构形理据上分析文字本义，就能准确地把握所表名称的内涵和外延，从而做出准确定义。本文从字形分析入手，对“华服”涉及的国家名称与服饰名词做系统的综合解析，从而对“华服”进行定义。

一、“华夏”“中华”与“中国”

“中国”本指国之中，谓处于天下的中心地带，用作国名专称是在清末。历史上的国家政权只单称朝代名，如夏、商、周、秦、汉等。若用通称，早期用“华夏”，后来也用“中华”。我国几千年都是多民族统一的国家，统称用“华夏民族”或“中华民族”。

（一）华（華）huā、huá

華　華　華　華
古鉢　说文小篆　熹平石经　颜真卿

"华"字繁体作"華"，《说文》："華，荣也，从艸从琴。"本指花朵、花开貌。《尔雅·释草》："木谓之华，草谓之荣。"《礼记·月令》谓仲春之月"始雨水，桃始華"。琴huā，《说文》："琴，艸木华也。从琴亏声。"指花朵。金文"琴"作華季益盥，像大花朵下垂形。"巫"为下垂之"垂"本字，"亏"为大出气，故"琴"从巫亏声。琴为草木花，后加艸作"華"，華、琴一字。《周易·大过》"枯杨生華"，《诗经·小雅·皇皇者华》"皇皇者華，于彼原隰"，其中"華"都读 huā，表示花。"華"后专用为荣华、光华字，又造"花"为花朵通行字，从艸化声。"華"简化作"华"，以"化"为声符，"十"为"琴"字的草书楷化。

"华"作形容词读huá，花开则光彩夺目，故"华"指光彩、光辉，《尚书大传·虞夏传》："日月光华，旦复旦兮。"华丽色彩鲜明耀眼，故又指华丽、华美，钟会《孔雀赋》："五色点注，华羽参差。"又指彩色，特指雕绘或装饰，《尚书·顾命》："黼纯，华玉仍几。"孔传："华，彩色。"又指繁盛、荣华，《国语·鲁语上》："人其以子为爱，且不华国乎！"韦昭注："华，荣华也。"由荣华引申为显贵，《晋书·王遐传》："少以华族，仕至光禄勋。"

我国古称华夏，初指中原地区，后包举全部领土。《左传·定公十年》："裔不谋夏，夷不乱华。"孔颖达疏："中国有礼仪之大，故称夏；有服章之美，谓之华。"后为中华的简称。转指浮华，《后汉书·周举传》："但务其华，不寻其实。"

（二）夏xià

夏　夏　夏　夏　夏
秦公簋　说文古文　说文小篆　曹全碑　颜真卿

"夏"是会意字，《说文》："夏，中国之人也。从夂从頁从臼。臼，两手；夂，两足也。"初为中原古部族名，沿用为中国人的称呼。这里"中国"指中原地区，段注"以别于北方狄、东北貉、南方蛮闽、西方羌、西南焦侥、东方夷也"。《尚书·舜典》："蛮夷猾夏。"孔传："夏，华夏。"小篆"夏"作夏，"頁"为头，"臼"为两手，"夂"为两足，整体像两手捅腰正立之人。戴侗谓本义为舞，《六书故》："夏，舞也。臼象舞者手容，夂象舞者足容也。"金文秦公簋作夏，为盛服正立而舞蹈之人，其文明程度高，故用来表示中原正统之人。夏为文明大国，故引申为大，《诗经·秦风·权舆》："于我乎夏屋渠渠，今也每食无余。"毛传："夏，大也。"一年四季的第二季为夏，农历四至六月，《尔雅·释天》"夏为朱明"，郭璞注"气赤而光明"，夏季炽热而阳光盛大，故称"夏"。

又指夏朝（约公元前2070年至公元前1600年），为有史记载"三王"夏、商、周的第一个朝代，为夏后氏部落领袖禹之子启所建立，君位世袭制也由此开始。夏朝始建都安邑(今山西夏县北)、阳翟（今河南禹州）、斟鄩（zhēnxún，今洛阳偃师二里头）等地，传十七代471年，至桀为商汤所灭。

华夏，原指中原地区，后包举全部领土，遂为我国古称。《尚书·武成》："华夏蛮貊，罔不率俾。"古称"万国华夏"，《周易·乾卦》象传有"万国咸宁"，指包括历朝版图所有领土内各个民族和部族封国的大一统国家。"舜"古文作𦏵，小篆作𡴀，《说文》"舜，艸也……蔓地连花，象形"，蔓草满地开花之形，上部繁花下"舛"脚板表蔓延。上古尧舜并称圣君，舜 shùn（约公元前 2277 年至公元前 2178 年)，姚姓妫氏，名重华，字都君，谥号舜，受尧帝禅让建虞国而都蒲阪（今山西永济），后禅让帝位给大禹而开启夏朝。"舜"名"重华"，是赞他治国安定繁荣而满地繁花。取舜帝之"華"和禹王之"夏"合为"華夏"，以称天下一统的中土大国，《尚书》就开始了。"華"由繁花转指华美，"夏"由文明大夏朝转指礼仪服饰正盛。

《尚书·禹贡》序"禹别九州，随山浚川，任土作贡"，四千多年前，大禹遍治水患，安定天下，分华夏为"冀、兖、青、徐、扬、荆、豫、雍、梁"九州，评估其山川土地物产，确定其贡赋等级，设置官吏制度，实行中央统一管理，奠定我华夏分久必合的大一统基础，四千年一以贯之，不可动摇。

禹定九州，《尚书·禹贡》谓"济河惟兖州……桑土既蚕……厥贡漆丝，厥篚织文，浮于济漯达于河"，兖（yǎn）州养蚕抽丝，贡漆和丝，将染成各种花纹的丝织品装在圆竹筐里，船载从济水和漯（tà）水通黄河运至王都。"海岱惟青州，厥贡盐绨（chī），海物惟错。岱畎丝枲（xǐ）……厥篚檿（yǎn）丝，浮于汶达于济"。青州进贡盐、细葛布和海产品。兖州泰山谷地有丝、大麻等，用竹筐装上柞（zuò）蚕丝，从汶水直入济水上贡。四千年前的山东就是两大丝麻服装生产的大州（青州齐、兖州鲁）。此外，徐州贡黑色细绸和白色绢，荆州贡黑、黄、红色丝绸和珍珠，豫州贡细葛布、纻麻和细绵，雍州和梁州贡熊罴、狐狸等兽皮及毛织品，都为华夏服装发展做出了贡献。

九州以五百里远近分一服，二千五百里分"五服"：甸服、侯服、绥服、要（yāo）服、荒服。胡渭《禹贡锥指》谓"五千里内皆供王事，故通谓之服，而甸服则主为天子治田出谷者也"。《尚书·益稷》"弼成五服，至于五千"，孔传："五服，侯、甸、绥、要、荒服也。服，五百里。四方相距为方五千里。"离天子王畿越远，贡赋就越少。夏初，东面到大海，西面入沙漠，从最北方到最南方，华夏四海之内播及天子德政与教化，都"服"从中央统一管理。"五服"还有，《尚书·康诰》周称"侯、甸、男、采、卫"为五服。《尚书·皋陶谟》"天命有德，五服五章哉"，孔传："五服，天子、诸侯、卿、大夫、士之服也。"《周礼·春官·小宗伯》"辨吉凶之五服，车旗宫室之禁"，郑玄注："五服，王及公、卿、大夫、士之服。"五服还表示服丧时穿的五种等级的"丧服"。

（三）中 zhōng

合28089反　　合5807　　中妇鼎　　中且鼎　　说文小篆　　史晨碑　　王羲之

《说文》："中，内也。从口，丨，上下通。𠁦，古文中。𤡮，籀文中。"本指内、里面，区别于外面。《周礼·考工记·匠人》"国中九经九纬"，郑玄注："国中，城内也。"甲骨文作中，以丨贯口内会内、中之意。张舜徽《约注》："古金文及甲文有作𢆶或作𢆶者，上下重画，乃文饰意，无他义。解者或以为象旗之飘动，非也。"甲骨文又作𢆶、𢆶，唐兰谓"中"最初为氏族汇聚众人之徽帜，《殷墟文字记》："盖古者有大事，聚众于旷地，先建中焉，群众望见中而趋附，群众来自四方，则建中之地为中央矣。"内处中间位置，故"中"也指中央方位，《尚书·召诰》："王来绍上帝，自服于土中。"孔传："于地势正中。"中则不偏，故又指正，张纯一注《晏子春秋》："中，正也。"

中华，古华夏族多建都于黄河中游，以其处四方之中而称之"中华"。后历朝疆土渐广，凡所统辖皆称"中华"。晋桓温《请还都洛阳疏》："自强胡陵暴，中华荡覆，狼狈失据。"唐《敦煌曲子词·献忠心》："见中华好，与舜日同，垂衣理，菊花浓。"

中国，国繁体作"國"，《说文》："國，邦也，从口从或。"口是一块地域，古多指王侯封地。先用囗表示，进而加外围线及戈守卫作或表示重要，"或"后用为连词，本义又加口作國，简化字"国"由草书楷化而成而非从玉。"中国"本指国之中，即天下中心。西周青铜器何尊铭文"宅兹中国"，周成王营建洛邑（今洛阳），谓要住在天下的中央地区。上古时代，华夏族建国于黄河中游地域，谓居天下之中，故称"中国"，相对称周围其他地区为"四方"。后泛指中原地区为"中国"，《诗经·小雅·六月序》："《小雅》尽废，则四夷交侵，中国微矣。"转指国家，《礼记·檀弓》："今之大夫交政于中国，虽欲勿哭，焉得而弗哭。"后也指朝廷、京师。而"中国"作为大国华夏的专称，首见清末林则徐《拟谕英吉利国王檄》："中国所行于外国者，无一非利人之物。"1949年"中华人民共和国"成立，简称"中国"。

二、衣裳、衣服、制服、礼服与服饰、服装

《周易·系辞下》谓"黄帝、尧、舜垂衣裳而天下治，盖取之乾坤"。衣裳的创制和规范，是华夏治国安民的重要手段，也是礼乐文明的具体呈现。

早期衣裳形成后来"汉服"的基本形制，主要特点是"交领右衽"。左侧与右侧衣襟交叉于胸前，形成领口相交的"交领"。交领两线交于衣中处形成左右对称，显示出中正气韵。服饰中正应合天道中庸，体现"天人合一"的思想；袖有圆袂代表天圆，交领方正代表地方，体现"天圆地方"的传统观念。衽即衣襟，左侧衣襟在胸前压住右侧衣襟成"y"字形，显出服装整体向右倾斜的效果，称"右衽"。右衽体现华夏文化"以右为尊"的思想，代表正统；反之为左衽，是违背正统的服饰。"披发左衽"被视为愚昧无知的野蛮人。

（一）衣 yī

甲337	天亡簋	此鼎	楚.望2策	说文小篆	魏上尊号奏	颜真卿

"衣"是象形字。《说文》："衣，依也。上曰衣，下曰裳。"本指人身上所穿，用以蔽体

御寒之物，用布帛、皮革或各种纤维做成。衣服用以遮身护体，为人所依，故训"依"。《诗经·秦风·无衣》："岂曰无衣，与子同袍。"小篆"衣"作⿰，像人覆盖⿰（二人）形。甲骨文"衣"作⿰、⿰，金文作⿰、⿰，像上衣形，罗振玉谓"此盖象襟衽左右掩覆之形"，上空为衣领，下为左衣襟覆压右衣襟的"右衽"形。"衣"本为上衣，后来扩大通指衣裳，《诗经·桧风·素冠》："庶见素衣兮，我心伤悲兮。"郑玄笺："此言素衣者，谓素裳也。""衣"作动词读yì，指穿戴，《论语·子罕》："衣弊缊袍"，皇侃义疏："衣，犹著也。"又指覆盖，《周易·系辞下》："古之葬者，厚衣之以薪。"

（二）裳（常）cháng

常　常　裳　裳　裳
子犯编钟　说文小篆　说文或体　熹平石经　颜真卿

裳原作"常"，《说文》："常，下帬也。从巾尚声。裳，常或从衣。"本指下身穿的裙子。张舜徽《约注》："常之言长也，谓下直而垂，其形甚长也。帬本围绕之名，其在下者谓之常，故许云下帬也。"《逸周书·度邑》："叔旦泣涕于常，悲不能对。"《说文》："尚，曾也，庶几也。"指增加（曾）、加层。徐灏《注笺》："尚者，尊上之义，向慕之称……尚之言上也，加也。曾犹重也，亦加也。"周原甲骨"尚"作⿰H＿＿＿二，在台（城门）上加两横（⿰）表示增加、重叠及在上方义，"上"只表方位，"尚"有崇高、高尚义。甲骨文"巾"作⿰合＿六五四六，林义光《文源》谓"象佩巾下垂形"。华夏为礼仪之邦，服饰体现威仪、礼制，华美衣服体现尊贵与高尚，由上（尚）垂下布帛（巾）为"常"，改巾为衣作"裳"。下体必常着装，故"常"用为经常字，衣在上而裳在其下，故谓"上曰衣，下曰裳"，"裳"为下衣专用字。在双音词"衣裳"中，"裳"读轻声shang，通指衣服。

衣裳，作并列词组，衣指上衣、裳指下裙，《诗经·齐风·东方未明》"東方未明，顛倒衣裳"，毛传："上曰衣，下曰裳。"两者分开才可"顛倒"。作一词则泛指衣服，《周易·系辞下》"黄帝、尧、舜垂衣裳而天下治"。衣裳有服饰之美与礼仪表征，故可用来代指华夏国家，《后汉书·杨终传》："故孝元弃珠崖之郡，光武绝西域之国，不以介鳞易我衣裳。"李贤注："衣裳，谓中国也。"

（三）服fú

⿰　⿰　服　服　服　服
合36924　大盂鼎　睡.秦62　说文小篆　曹全碑　颜真卿

《说文》："服，用也。一曰车右騑，所以舟旋。从舟⿰声。⿰，古文服从人。"指任用、使用、服事，《文选·屈原〈离骚〉》"謇吾法夫前脩兮，非世俗之所服"，吕向注："服，用也。"甲骨文"舟"作⿰合九七七二、⿰合四九二八乙，像舟之形。《诗经·邶风·二子乘舟》"二子乘舟，泛泛其景"。⿰fú，《说文》："⿰，治也。从又从卩，卩，事之节也。"

本义为治理、从事，甲骨文"㞋"作㞋合七五三，以手（又）按跽跪之人（卩）项背，有制服之意，为"服"初文。加舟旁或㞋（盘）旁作"服"，甲骨文作㞋，以手制服人从事端盘或行舟劳作，有服从、从事义，《论语·为政》"有事，弟子服其劳"。又指承受(刑役)，《尚书·吕刑》"五罚不服"，孔传："不服，不应罚也。"又指服从、顺从，《论语·为政》："孔子对曰：举直错诸枉，则民服；举枉错诸直，则民不服。"又指信服、佩服，《吕氏春秋·顺说》："宋王谓左右曰：辨矣，客之以说服寡人也。"再指练习、熟悉，《礼记·孔子闲居》"君子之服之也，犹有五起焉"，郑玄注："服，犹习也。"进而指习惯、适应，《楚辞·九章·橘颂》："后皇嘉树，橘徕服兮。"王逸注："言皇天后土生美橘，树异于众木，来服习南土便其性也。"

由从事转作名词指职事、职位，《尚书·酒诰》："越在外服，侯甸男卫邦伯；越在内服，百僚庶尹、惟亚惟服宗工、越百姓里居，罔敢湎于酒。"杨树达《积微居小学述林·释服》："外服内服，即外职内职，犹后世言外官京官也。"转指王畿以外地域为"服"，《尚书·皋陶谟》"弼成五服，至于五千"，孙星衍疏："服者，《释诂》云：采、服，事也。反复相训，即采地之名。"由服从转指穿戴、穿着，《诗经·魏风·葛屦》"要之襋之，好人服之"；《孝经·卿大夫章》"非先王之法服不敢服"。转指丧服，居丧时穿的礼制衣裳，《周礼·天官·阍人》："丧服、凶器不入宫。"宋高承《事物纪原·吉凶典制·丧服》："三王乃制丧服，则衰绖之起，自三代始也。"夏、商、周开始建立并逐步完善丧服制度，形成以亲疏为差等的五种丧服，《礼记·学记》"师无当于五服，五服弗得不亲"，孔传"五服，斩衰至缌麻之亲"，孔颖达疏："五服，斩衰（cuī）也，齐（zī）衰也，大功也，小功也，缌（sī）麻也。"父系氏族社会以父宗为重，自高祖至玄孙九代男系后裔及其配偶，通称本宗九族。在此范围内的直系和旁系亲属为有服亲属，有死则服丧，亲者服重，疏者服轻，依次递减。服制按服丧期限及丧服粗细分为五种，即"五服"。《礼记·檀弓下》："齐谷王姬之丧，鲁庄公为之大功。或曰，由鲁嫁，故为之服姊妹之服。"

衣服，用作词组为穿衣裳，《礼记·文王世子》记文王："鸡初鸣而衣服至于寝门外。"用作双音词通指衣裳、服饰，《诗经·小雅·大东》"西人之子，粲粲衣服"；《史记·赵世家》"法度制令各顺其宜，衣服器械各便其用"。

（四）制（製）zhì

合7938　制鼎　子禾子釜　两诏椭量　说文小篆　华山庙碑　颜真卿

"制"又作製。《说文》"製，裁也，从衣制"，本指剪裁制衣。《说文》"制，裁也。从刀从未。㞋，古文制如此。"甲骨文"未"作㞋存二七三四，小篆作㞋，木上加一曲画表示枝叶重叠。李孝定《甲骨文字集释》："契文亦象木重枝叶之形。"木上加一画，也表示树梢，"未"与"末"一字。以刀裁断末（未），制约其生长，相当于修剪枝条制作盆景。甲骨文"制"作㞋，商金文作㞋，从刀从木有裁断义。战国文字作㞋，"木"繁化作"未"形，从刀从未为

"制"，加衣旁为"製"表示裁制衣服，简化字用"制"表示制造、制作、制裁。由依例制作转作名词表法度、制度，《礼记·曲礼上》"越国而问焉，必告之以其制"，郑玄注："制，法度。"《汉书·叙传下》："营都立宫，定制修文。"也指样式、体制，《周礼·考工记·弓人》："弓长六尺有六寸，谓之上制，上士服之；弓长六尺三寸，谓之中制，中士服之；弓长六尺，谓之下制，下士服之。"郑玄注："人各以其形貌大小服此弓。"

制服，古代按地位高低规定服饰样式，《管子·立政》："度爵而制服，量禄而用财。"贾谊《新书·服疑》："制服之道，取至适至和以予民，至美至神进之帝，奇服文章以等上下而差贵贱。"又专指丧服，《后汉书·袁闳传》："及母殁，不为制服设位，时莫能名，或以为狂生。"《南史·张畅传》："佩之被诛，畅驰出奔赴，制服尽哀，为论者所美。"现代按职业规定式样的正式服装称"制服"，如军服、警服、校服、航空服等。

（五）礼（禮）lǐ

后下八·二　何尊　说文古文　说文小篆　孔龢碑　颜真卿

"礼"繁体作"禮"，会意兼形声字。《说文》："禮，履也。所以事神致福也。从示从豊，豊亦声。乚，古文禮。"本义为敬神、祭神以致福。徐灏《注笺》："礼之言履，谓履而行之也。礼之名起于事神，引申为凡礼仪之称。"《仪礼·觐礼》："礼山川丘陵于西门外。""示"表祭祀，如"祭、祀、祝、福"等皆从示。豊lǐ，《说文》："豊，行礼之器也，从豆，象形。"甲骨文"豊"作𧯮甲一九三三、𧯮宁沪三·四，像豆上盛物祭祀形，王国维《观堂集林》谓"象二玉在器之形，古者行礼以玉"。"豊"为"禮"本字，加"示"作"禮"，"豊－禮"古今字。张舜徽《约注》："《礼记·礼运篇》：'夫礼之初，始诸饮食。其燔黍捭豚，污尊而抔饮，蒉桴而土鼓，犹若可以致其敬于鬼神。'然则太古之祭，自以饮食为先。豊之所盛，乃饮食之物耳。自其器言，谓之豊；自其事言，则谓之禮；本一字也。后世专用禮字而豊废矣。"甲骨文"禮"作𧯮，李孝定《甲骨文字集释》："以言事神之事则为禮，以言事神之器则为豊，以言牺牲玉帛之腆美则为豊。其始实为一字也。"古文"禮"简写作"乚"，今简化字用其形。

祭祀必有仪式，故"礼"指仪式，《周礼·春官·小宗伯》"掌五礼之禁令与其用等"，郑玄注引郑司农云："五礼，吉、凶、军、宾、嘉。"仪式典重称"典礼"，即制度礼仪，《周易·系辞上》："圣人有以见天下之动，而观其会通，以行其典礼。"华夏为礼仪之邦，"礼"必须由仪式来显现，服饰是最具仪式感的，故隆重的典礼仪式必定配相应的服饰，如丧礼严格规定"斩衰、齐衰、大功、小功、缌麻"五种服饰。

礼服，举行重大典礼时按规定所穿的正规衣服，《汉书·礼乐志》："议立明堂，制礼服，以兴太平。"今有军礼服、婚礼服、晚礼服等。

（六）饰 shì

繁体作"飾"，《说文》"飾，刷也。从巾从人，食声"，𩙿诅楚文，人持巾布擦拭食盒

（食）使清洁美观。《周礼·地官·封人》"凡祭祀，饰其牛牲"，郑玄注："饰，谓刷治洁清之也。"《释名·释言语》："饰，拭也，物秽者，拭其上使明。由他物而后明，犹加文于质上也。"由擦拭转加物使明，便是修饰、装饰，《国语·越语上》："越人饰美女八人，纳之太宰嚭。"又指给衣领衣袖滚边，《论语·乡党》"君子不以绀緅饰"，何晏集解引孔安国曰："一入曰緅，饰者不以为领、袖缘也。"再指衣服之饰，《左传·昭公十二年》："裳，下之饰也。"《文选·张协〈七命〉》"樵夫耻危冠之饰，舆台笑短后之衣"，李周翰注："危冠、短后服、戎士衣也。"指饰品、首饰，李白《金银泥画西方净土变相赞》序："车渠瑠璃，为楼殿之饰。"

服饰，词组指衣服和装饰，《汉书·张放传》："放取皇后弟恩侯许嘉女，上为放供张，赐甲第，充以乘舆服饰，号为天子取妇，皇后嫁女。"也指穿衣佩饰，汉应劭《风俗通·正失·叶令祠》："乔曰'天帝独欲召我！'沐浴服饰，寝其中，盖便立覆。"古无双音词"服饰"用法，今人用为装饰人体的物品总称，包括服装、鞋袜、围巾、配饰、提包等，衣服最为主要，故用"服饰"概指衣服，多偏重其修饰性和审美感，因而有"服饰文化"之说。

（七）装 zhuāng

繁体作"裝"，小篆作裝，《说文》"裝，裹也，从衣壮声"，壮为健男（士）立起（丬），有强大、壮大义，衣服（衣）包裹饱满（壮）为"装"，有包裹、裹束义，《史记·郦生陆贾列传》"赐陆生橐中装直千金，他送亦千金"，裴骃集解引张晏曰："装，裹也。"衣服可装人，作名词指衣服、衣物，《晋书·列女传》："怜货其嫁时资装，躬自纺织。"《文选·傅毅〈舞赋〉》："顾形影，自整装；顺微风，挥若芳。"李善注："装，服也。"

服装，衣服统称，《旧五代史·汉书·高祖纪下》："乙丑，禁造契丹样鞍辔、器械、服装。"因"装"含壮大、庄重义，今人用"服装"一词表示衣服，具有正式感与职业性，如"服装店""服装行业""服装设计"就不能把服装换成衣服。

三、小结

从字形分析可知，"华（華）"为一树美花，"夏"为礼仪正装中原人，取舜重华和禹夏朝，合为"华夏"称大一统九州大国，后变称"中华""中国"。"衣裳"是上衣下常，"服"为服从、服丧穿的衣裳，即礼仪服装。唐代孔颖达《春秋左传正义》把"华夏"与"礼服"结合起来，曰："夏，大也，中国有礼仪之大，故称夏；有服章之美，谓之华。"《尚书》孔传："冕服采装曰华，大国曰夏。"谓"华"为服饰之美，"夏"为礼仪之隆。

"华服"定义，取"华夏"五千年大一统之融合，包含我国历代地域版图的一切民族文化，"华夏"是民族共同体，今天包括中国五十六个民族，都是华夏民族的后来人。

"华服"定义，取"华"繁花之华丽和美观，取"夏"中原之大器和正气。

　　“华服”定义，取“服”顺从之礼仪与雍和，取“装”盛饰之端庄与典雅。

　　总而言之，华服之“华”指华夏和华美，“服”指服装和礼仪，合起来为“华夏优美礼服”，缩减为“华美礼服”，简称为“华服”。

［1］许慎.注音版说文解字［M］.徐铉，校定.愚若，注音.北京：中华书局，2015.

［2］阮元.十三经注疏［M］.北京：中华书局，1980.

［3］万献初，郭帅华.千字文探原［M］.北京：中华书局，2021.

华服礼仪的文化魅力

毛立辉

【摘 要】在华夏文化中，服饰具有"避寒暑、蔽形体、遮羞耻、增美饰"等一系列人类通行的实用功能，因为体现了规、矩、绳、权、衡，体现着天道之圆融，怀抱地道之方正，身合人间之正道，行动进退合权衡规矩，华夏民族的国家缔造者及精英们，认真设计不同的礼仪服饰作为人类心灵住所，用衣冠体制昭示着礼制、盖取乾坤，使人类文化与思想建设不断走向新的阶段。

在中华衣冠文明中，千古的服饰文化思想勉人向善，处处充满尊天、隆祖、明礼、尚义之义涵，从而使华服礼仪的文化魅力，具有了尊重对方、约束自我、显现荣誉的仪表之礼，交往之礼、仪式之礼和崇敬之礼。

探访人类悠远的历史不难发现，从三皇五帝定衣服之制，示天下以礼之始，到周朝继承礼法，从汉朝形成完善的衣冠体系，到儒教和中华法系的普及，华夏作为最早拥有服装制度的国家，民族服饰不仅记载了中华五千年的文明史，更开启了人类用服装治理天下之先河，激发了人类较高层次的精神追求。衣冠文明促进了社会形态的日趋完整。

中华文明对社会的贡献是多方面的，但为何人类创造的阴阳五行不能统治天下？为何华夏民族创造的十二生肖、甲子纪年、文字、图画、音律、乐器、机杼纺织，只能使人类过上应有的文明生活，却也不能全面理顺天下民心？而唯有垂衣裳，才能治天下，才能取乾坤呢？

一、华服规范心灵秩序

衣裳虽是一个汉语词汇，但却有四种意思，一指衣服，二借指中国，三指圣贤的君主，四指达官贵人或儒雅之士。从衣的物质形态到社会状态，从衣装表情到其精神文化内涵来看，赋予了礼仪文化意义的服装，是"衣"成为人类文明之首的关键。

在远古，衣裳之用非寻常之用。据东汉荀爽的《九家易》记载："衣取象乾，居上覆物，裳取象坤，在下含物也。"乾为天，坤是地，在中国，天地所代表的意象和衣裳所蕴含的思想，与秉持的法度就不言而喻了。上衣下裳，周正庄重，雍容典雅，黄帝们以垂示、垂训衣裳之用的方法治理天下，使"衣裳"成为一种基本的制度。

纵观所有西方文明古国在开拓、发展与消亡的历史中，服装对其统治者来说，不过是功能性遮盖与炫耀，不具备治理国家的文明内涵。只有在华夏文化中，服饰除了"避寒暑、御风雨、蔽形体、遮羞耻、增美饰"等一系列人类通行的实用功能外，更重要的是有着"知礼仪、别尊卑、正名分"等特殊意义。黄帝主持的中华衣冠文明，让人们穿上非常舒适的衣服，知晓了礼义廉耻，心灵形态变得安静祥和，天下开始有了秩序，最早的哲学思考和社会制度便出现了。

儒家经典《礼记》专门著有"深衣"篇，其解读为："古者深衣，盖有制度，以应规、矩、绳、权、衡。短毋见肤，长毋被土……"深衣的袖口圆似规，象征举手投足要合乎规矩；衣领方如矩，寓意言行不逾矩。背缝垂直如绳，象征品行正直。下摆平衡似权，象征公平权衡……因为体现了规、矩、绳、权、衡，所以圣人服之，先王贵之。穿着它，自然能体现天道之圆融，怀抱地道之方正，身合人间之正道，行动进退合权衡规矩，生活起居顺应四时之序。深衣是朝服、祭服以外能显示身份最好的衣服了。

按照《周礼》规定，举行祭祀大典时，帝王和百官都必须身着冕服。作为古代皇帝及王公贵族在祭天地、宗庙等重大庆典活动时穿戴用的礼服和礼冠，是中国服装史上最早推出的最隆重的华服。穿上衮冕之服的帝王，就会以其身份、责任和义务，盖取乾坤，接管天地，成为君临天下的天子。

中国冠服具有很强的制度延续性，被纳入国家律法礼仪规定的范畴，体现在令典、律法、条格文、礼部式、诏敕文等法律规范性质的条文，以及各种礼典、会典等文件中。中国古代冠服制度的核心在于"礼"，礼服有"尚质"和"尚文（纹）"之别，用于祭天的大裘冕朴素无华，为"尚质"的代表；常用于登基等隆重大典的衮冕，因为其上有各种章纹，有华彩，往往被视为"尚文"之服。以华夏民族文化为基础，独具华夏民族精神和风貌性格的华夏衣冠服饰体系，使衣冠文明在传统的中国成为一种行为的标志，成为人类和谐社会真善美的精神所在。千百年来，华夏民族的国家缔造者及精英们，认真设计着不同的礼仪服饰作为人类心灵住所，用衣冠体制昭示着礼制、盖取乾坤，使人类文化与思想建设不断走向新的阶段。

二、华服写真思想品德

具有了文化表征的服饰，能写真衣装者的思想，体现礼仪文化的华服，更是伦理和情感在世俗生活中的体现。

古人曰："礼者敬人也"。礼仪，是人类在社会交往中，受历史传统、风俗习惯、宗教信仰、时代潮流等因素影响，人们所认同，并以风俗、习惯和传统方式固定下来，为维系社会正常生活，共同遵守道德规范最起码的准则。

作为一种待人接物的行为规范、交往艺术，人类社会关于仪容、仪表、仪态、仪式以及言谈举止等，在长期生活和相互交往中逐渐形成约定俗成的规范。于是，出现在不同社交场合、表达衣装者情感的服饰，便成了体现礼仪文化的一种行为自律工具。

中国传统的"礼"和"仪"是紧密联系的，但又是两个不同的概念。"礼"是制度、规则和一种社会意识观念。而"仪"则是"礼"的具体表现形式，是一种强烈的精神内容，在表现"礼"的衣冠上，如何依据"礼"的规定和内容，形成一套系统而完整的"仪"即衣冠体系，是创新华服的核心。

中国古代有"五礼"之说，祭祀为吉礼，冠婚为嘉礼，宾客为宾礼，军旅为军礼，丧葬为凶礼。从反映人与天、与地、与鬼神关系的祭祀之礼，到体现人际关系的家族、亲友、君臣上下之间的交际之礼，从表现人生历程的冠、婚、丧、葬诸礼，到人与人之间在喜庆、灾祸、丧葬时表示的庆祝、凭吊、慰问、抚恤之礼，可以说是无所不包，充分反映了古代中华民族的尚礼精神。

孔子教人六艺，礼居其首，可见礼的重要。礼是中国文化，乃至东方文化中最重要的内容之一。然而不管是宗教的礼，还是世俗的礼，礼都是精神性、符号性的。作为一种符号，礼的特性就是人可以赋予它不同的内容。礼作为人对内心的直接诉求，是人类精神的传达，是一种心灵上的沟通，是情感交流的渠道。当服装成为种种尚礼情感最直白的宣言时，如何通过有限的衣装表情，来传达人的思想道德水平、文化修养、交际能力，来传达衣装者尊敬、尊重、尊崇等不同程度的礼节心态时，能表达礼性的华服文化内涵，就成了创新的重点。

当今社会，物质生活富裕起来的人们，把这种精神沟通的礼，变成了物质性的符号，而在传达礼仪文化的衣冠上，有时却越来越无礼了。我们常见一些礼服穿着者，炫耀财富和地位的衣装表情，盖过了对他人的尊重、对主宾尊敬的礼性；我们常见有贵宾，无视众人对其的尊重，一身汗衫短裤装扮在重要典礼和社交场合致辞剪彩，用其职位和名气轻蔑地回敬着众礼数；我们也常见在民间冠、婚、丧等世俗礼节上，人们对礼金数量的重视，已超越了送礼者精神礼貌的表达……当礼逐渐失去了它的精神性，变得更加物质时，传达礼的仪，也就失去了其精神内涵，人们相互尊重的道德规范准则，也被抛至九霄云外了。

当礼从精神转换到物质，从优雅、从容、高贵的精神内容，变成了金钱充满着物性时，表现礼的"仪"就失去了存在的意义，发于人性之自然，合于人生之需的礼仪规范便会开始消失。当一些官员、商界精英、文化名流等社会"风向标"们，常为自己衣冠不礼找借口时，当众多人以衣冠示礼为耻、胡乱穿衣为个性、为荣耀时，当讲礼、识礼者少了，社会秩序开始乱象丛生时，曾以"有礼仪之大，谓之夏"为荣的衣冠文明之国的百姓们或许很少有人想到，如此下去，维系社会交往的礼乐开始崩溃时，中国又会是什么景象？

三、创新华服从礼做起

《明实录》云："盖中国之所以为中国者，以有礼义之风，衣冠文物之美"。礼仪是一个国家社会文明程度、道德风尚和生活习惯的反映。拥有五千年文明史的中国，素有"礼仪之邦"之称，中华民族也以彬彬有礼的风貌而著称于世。在中华衣冠文明中，"以纹为贵"的周礼，代表了汉文化的信仰和习俗，千古的服饰文化思想之表征，勉人向善，处处充满尊天、隆祖、明礼、尚义之义涵。礼仪文明作为中国传统文化重要组成部分，对社会历史发展起了广泛深远的影响。

我国政治稳定、经济昌盛、科技发达、文化繁荣、民族兴旺，处处一派欣欣向荣，但体现礼仪文明的衣冠制度，却存在滞后现象。作为中华民族文化复兴的内容之一，回归华服礼仪文化，创新传统的衣冠制度，刻不容缓。

华服礼仪的文化魅力，具有尊重对方、约束自我、显现荣誉的仪表之礼、交往之礼、仪式之礼。通过华服，表达对天地神的敬畏，对社会制度的敬崇，对庆典礼仪活动的尊重，对邀请你出席仪式的主人及周边宾客的尊敬，这是一种敬畏、敬意、喜爱之礼。

礼仪是一个人的思想道德水平、文化修养、交际能力的外在表现。存有敬意施礼才是真正的礼。遵守相互尊重之礼仪，不仅使人们的社会交往活动变得有序，有章可循，同时也能使人与人在交往中更具有亲和力。

华服礼仪的文化魅力，具有鞭策衣装者承担义务和责任的功能。用服装来展示自己的约束力和要求自己的责任心，来巩固道德上与精神上至高无上的自律与节操的正当性，是华服的重要功能。身穿礼服的仪仗兵，就要履行代表国家形象，在各种纪念、庆典、迎宾等重大国事中执行司礼等任务；现代社会中，节目主持人穿上华服，就需要担当与观众交流、传播节目文化、协调节目秩序、活跃节目氛围等责任；而穿上华服走进婚礼的新郎新娘，其维系家庭关系、赡养双方父母、传宗接代的责任，都在龙凤呈祥、同心永结、增祺添丁等寓意浓烈的华服文化中体现着。

华服是一种行为的礼仪标志，注重将理性引入服装，对穿着者在遵守道德和社会秩序中须担当的责任、义务有明确要求，无形鞭策着华服着装者。

华服礼仪的文化魅力，体现着社会对华服穿着者功德荣誉的崇敬之礼。华服的内涵与外在，弘扬了中国士大夫的责任心与荣誉感。中华民族素来注重通过适合的形式，表达人们内心丰富的情感。如今在国家重大庆典中，许多国家功勋人士、少数民族优秀代表，身着用各种荣誉奖章点缀的耀眼华服成为风景。在国家庆典和重大活动中，人们敬仰国家英雄、崇敬社会文明榜样成为俗成的仪矩，不得不说，这是民族华服礼仪文化回归进步的重要表现。

四、激活华服觉醒年代

遗憾的是，部分礼服设计者和消费者，只知道华服在礼仪中的炫耀功能，却忽略了华服礼敬世界、礼担社会的责任，甚至借服饰扰乱仪规。礼节是不妨碍他人的美德，是恭敬世人的善行，更是行万事的通行证。作为体现儒教礼典服制文化总和的华服文化，通过儒家《十三经》、大唐《开元礼》等继承，通过连绵不断地继承和礼仪文化的完善，着重体现中华文化中端庄典雅的风度仪容，并使仁义礼智信、温良恭俭让、礼义廉耻成为日常生活的规范。现代礼仪与古代礼仪虽有很大差别，但尊老敬贤、仪尚适宜、礼貌待人、容仪有整等普遍意义的传统文明礼仪，对于修养个人素质，协调和谐人际关系，塑造文明的社会风气，仍具有时代价值。复兴民族华服礼制，看似是一项文化复兴工程，实为社会主义精神文明建设的新内涵。

创新华服礼仪体系，并非高精尖的科技项目，而是一个艰苦卓绝的社会文化工程。尽管当今华服演艺活动如雨后春笋、华服设计大赛多如牛毛、华服发布秀潮起潮去，但在这个华服创新的觉醒年代，仅靠做些表面功夫，华服创新是根本无法实现的。

在华服创新的觉醒年代，激活时尚设计界深入研究优秀传统民族文化的热情，激活传承中华传统服饰美学，遵循传统造物精神，参酌历史、兼顾古今的责任感，激活挖掘中华传统文化中天人合一、大道至简、雅趣天成等与现代时尚契合的文化内涵，创造出具有中华民族时代精神风韵的华服礼仪表情，会困难吗？

在华服创新的觉醒年代，激活立志弘扬民族精神的互联网时代青年的热情，激荡起文化自信高涨的国人复兴国学、复兴优秀传统文化的热潮，激励面对经济发达、文化昌盛，加大构建华夏民族精神风貌体系的力度，加强国家时尚创新运营管理机构的责任心，激发全民族学习中华传统哲学、美学等文化精髓，探讨中华民族礼仪文化情怀的时代精神，用传承创新的民族精神将我们变得从容优雅、举止亲和、彬彬有礼；用礼仪文化规范我们时尚的生活方式，还会有困难吗？

在华服创新的觉醒年代，我们希望通过深入研究华服文化的论坛、沙龙，将沉迷于作秀的"专业"人士们唤醒，转而潜心研究如何缔造服装至尊、至华、至贵、至雅的时尚表情，推动中华衣冠文明重回天人合一的境界。我们希望通过挖掘华服礼仪文化内涵的设计大赛，将更多热爱中华文化、还没找到复兴华服精神途径的热血青年唤醒，满腔热情地投身到创新华服的伟大事业中来。我们希望通过"慧言耸听"的善意批评，将身处高位不愿俯身到华服创新大业中的设计名师、产业大咖、专家学者们唤醒，齐心协力投身到创新华服的千秋大业中去，让中华衣冠文明重返世界巅峰，让中华民族的衣冠礼仪文明引领国际时尚流行。

在华服创新的觉醒年代，我们或许不必急于推出新华服概念或华服国潮的时尚风标，因为任何元素、任何风格都难以表达情感丰富的中华民族的时尚精神内涵，但这不等于我们还不急于启动创新华服时尚礼仪体制这项伟大工程，因为，和平崛起的中华民族，迫切需要代表民族自信的文化形象，日新月异的中华人民共和国，不能再没有体现其大国性格、气质和实力身份的时尚符号。

在华服创新的觉醒年代，需要有奋不顾身的精神。在华服创新的觉醒年代，时不可待，时不我待。

论当代中国风格服饰设计的文化逻辑与设计思维

卞向阳

【摘　要】中国风格服饰设计是新时代中国文化建设的重要内容之一。本文在国内服装界的中国风格服饰设计实践的基础上，借鉴西方"中国风"设计的相关案例，进行理论探究。第一，从"自我"和"他者"的二元角度，探讨西方"中国风"与当代中国风格的异同；第二，结合文化的层次，从传统文化与当代生活相互融合的角度，阐述当代中国风格服饰设计文化表达的基本逻辑；第三，从使用群体的特征出发，根据新时代的新情境，讨论当代中国风格服饰的设计思维；第四，从文化的观点，阐述当代中国风格服饰设计与国家文化形象的关联。

当代中国风格（China Style）服饰体系构建是新时代赋予中国服装界的新使命，它作为中华优秀文化继承与发展的重要组成部分，不仅与人民生活紧密关联，更与国家文化形象密切相关，是新时代中国文化建设的重要内容之一。无论从艺术创造还是社会创新角度看，服饰设计作为创意与产品和着装形象之间的桥梁，在当代中国的服饰时尚和国家文化形象建设中必然要发挥重大作用。自改革开放以来，尤其是近十年间，中国服装界已经有诸多关于中国风格的设计实践，作者曾经在2015年与2019年两度于上海纺织服饰博物馆策划举办了"当代中国风格时尚设计大展"；而17世纪以来西方"中国风（Chinoiserie）"服饰设计积淀有大量的作品，纽约大都会博物馆在2015年举办的"中国：镜花水月（China Through The Looking Glass）"则集其大成。本文旨在"格"国内已有中国风格服饰设计和西方"中国风"作品之"物"，求当代中国风格服饰设计之"知"。限于篇幅，关于当代中国风格服饰设计的方法论问题拟另外撰文讨论，本文仅就当代中国风格服饰设计的文化逻辑与设计思维阐述相关观点，期待能对当代中国风格服装设计的知行合一有所裨益。

一、西方"中国风"与当代中国风格服饰的重叠与错位

"中国风"与中国风格，是很容易令人产生混淆的表述。本文引入了社会心理学中的"自我"和"他者"概念，如果将中国人作为一个群体去看待本群体的文化，这个群体具有明显的"自我"属性，对应而言，西方人则属于"他者"。通过"自我"和"他者"的二元角度，分析西方"中国风"与当代中国风格服饰设计的重叠与错位。

（一）"他者"角度的西方"中国风"服饰

关于西方"中国风"服饰，前有 1987 年包铭新的论文《欧洲纺织品和服装的中国风》，后有 2005 年、2006 年袁宣萍的博士论文和著作《十七至十八世纪欧洲的"中国风"设计》，作者也曾经于 2006 年在《服装艺术判断》中专门进行"中国风"主题设计的讨论[1]；另外，1961 年英国学者休·昂纳（Hugh Honour）专著有 *Chinoiserie The Vision Of Cathay*（2017 年的中译本名叫《中国风——遗失在西方 800 年中的中国元素》）。由于已经有众多相关成果，因此本文仅仅在简单总结与回顾基础上从"他者"角度加以分析。

所谓"中国风"，起源于中西方贸易的不断发展和猎奇的旅行者的冒险游历，涉及绘画、瓷器、园林艺术、室内装潢以及家具样式、纺织品和服装等诸多艺术领域，东方的器皿、建筑图案、生活饰品、宗教塑像等成为艺术创作的源泉和素材。在 18 世纪，"中国风"是一种风格的指称，从属于巴洛克和洛可可艺术的分支，它掺杂着西方传统的审美情趣，反映了欧洲人对中国艺术和中国风土人情的理解和想象。其后，"中国风"泛指一种追求中国情调的艺术风格，较常见于绘画和装饰等方面，而服饰也是"中国风"的重要组成[2]。在 20 世纪 70 年代之后，"中国风"服饰设计作品伴随中国热在西方不断出现。

但是，西方的"中国风"是对于中国的真实模仿和再现吗？显然不是。一直到 19 世纪前期，欧洲几乎找不到能够真实反映中国情况的资料，即使到现在，除了少数中国问题研究学者和专家外，作为"他者"的西方人总体上对于中国也是一知半解。"中国风"在本质上就是西方的一种艺术风格，是西方艺术家、设计师以及工匠们基于西方的审美和思维，以"他者"式的理解和想象，创造出的他们认为的中国特色，"中国风"服饰也从来没有成为西方社会的主流着装形式。"中国：镜花水月"展览的策展人安德鲁·博尔顿（Andrew Bolton）在展览的一个很不起眼的位置，用一件 18 世纪法国的以中式织锦制成的"华托式"（以法国画家让·安托万·华托在绘制人物肖像时创造出来的式样而命名）女裙装穿在人形展架上，并面对一面镜子（图 1），在本文作者看来，其不仅是界定了展览作品的时间原点，更是建立了一个与展览主题"镜花水月"相对应的隐喻式的展览眼：西方的"中国风"及其服饰，就是身为"他者"的艺术家和设计师群体展现给同为"他者"的西方人看的中国"镜映"，是"他者"想象中的美

图 1 "中国：镜花水月"展览现场的 18 世纪法国中式织锦女裙
（图片来源：大都会艺术博物馆官网）

好的中国而非真正的中国，正如当年和作者一起观看这个展览的一位中国高一学生脱口而出的评价："这就是给西方人看的。"

（二）"自我"角度的中国风格服饰

如果从中国人的群体角度去看待中国风格，必然就是一个"自我"的视野。需要注意的是，如同中国古代文明延绵不断一样，中国古代五千年服饰文化一脉相承、开放鲜活。在中国人开眼向洋看世界之前，一直认为自己是中央之国，当时中国的文明是先进的，文化是极其具有感染力和吸引力的，周边的很多国家如日本、韩国等均向中国学习，并引进中国式的服饰体系，所以在当时的中国，从自我角度而言自然就没有所谓中国风格之说。一直到近代，随着西方文明的涌入，中国人将西方的服饰体系作为先进文明的象征而逐渐宽容地接受和采纳，但是，着装的传统和西化的争议一直存在并充斥于整个近代历史进程。也正是因为有这样的自我反省，才会出现中西合璧的旗袍和中山装，并成为近代中国服饰的典型代表。改革开放以后，中国人开始了对于西方服饰时尚体系的再学习；与此同时，也一直没有停止关于民族化和国际化的讨论和探索。1987年8月，中国服装界召开了第一次全国规模的理论研讨会"首届中国服装基础理论研究会"，其研讨主题就是民族化与国际化问题，随后以《服装设计的道路之争》的名称出版文集，足见当时中国服装界的"自我"意识之强烈[3]。

进入21世纪之后，中国的综合实力和人民生活水平迅速提升，建立具有中国特色的服饰体系以展现民族和个人的"自我"，成为社会和民众的迫切需要。尤其在中华优秀传统文化传承和国家文化建设渐入高潮之后，关于中国风格服饰的呼声日渐高涨。在近年来的全国各大时装周上，以中国元素为主题的作品发布会的比例逐年上升，诸多品牌也推出了中国风格产品，它们尽管可能有种种不足，但是均展现了设计师从"自我"出发对于中国文化的演绎。

如果将西方的"中国风"和中国的当代中国风格服饰设计做一个比较可以发现：两者的重叠之处在于它们均是以中国作为主题的设计创作；最大的不同之处是前者更多是强调民族主题，作为"他者"因为地域不同而产生审美距离，而后者更多是关注历史主题，作为"自我"因为时间相隔而产生审美距离。另外，两类设计中的成功之作还有一个共性基础，那就是均紧密联系于各自所属社会的热点，深入扎根于各自时代的生活。

二、当代中国风格服饰设计的文化逻辑

尽管"文化"已经成为当今的一个流行语汇，但是就和我们生活中的很多常用词一样，很多人对于"文化"并没有一个清晰的概念。所谓"文化"的含义非常丰富，广义指人类在社会实践过程中所获得的物质、精神的生产能力和创造的物质、精神财富的总和；狭义指精神生产能力和精神产品，包括一切社会意识形式：自然科学、技术科学、社会意识形态等；

有时又专指教育、科学、文学、艺术、卫生、体育等方面的知识与设施[4]。服饰本身，既有物质文化的特点，也有精神文化的特质；而服饰设计作为实用艺术，具有鲜明的文化属性，因此本文所论"文化"采用一个相对广义的概念。

（一）文化的层面、特点以及与服饰的关联

文化可以分为三个层面：一是器物层面的物质文化，指人类创造的物质文明，服饰是其中的当然组成；二是组织层面的制度文化，指生活制度、家庭制度、社会制度等，中外不同历史时期的服饰礼仪制度，特定社会群体的制服等，均属于此类；三是观念层面的心理文化，诸如思维方式、宗教信仰、审美情趣等，它们也通过服饰得以充分地表达与展现。在这三个层面中，后两者均属于精神文化，而物质文化则是它们的基础。正是因为当代中国社会的物质生活日渐丰富，服饰已经跨越了生存的需要，审美情趣成为更为重要的着装动机，这才有体现中华民族群体"自我"观念的当代中国风格服饰的热点话题。

从某种意义上说，文化的特点是有历史、有内容、有故事，是有记忆的历史，有意蕴的当下。服饰本身作为当时社会的缩影，具有鲜明的历史性、时代性、内容性和故事性。赵武灵王"胡服骑射"说的是服饰与社会变革的紧密互动，清初"留发不留头，留头不留发"讲的是王朝更迭时服饰制度变更带来的民族抗争。当然，由于中国服饰文明延续了上下五千年，历史的厚稠反而让有些时期的服饰文化变得模糊，如我们理所当然地认为中国历史上婚服都是红色，其实唐代新娘的婚服以青色为尚，新郎婚服才是红色的。因此，要建立当代中国风格的服饰体系，首先就要发现中国传统服饰文化的显性符号，更要深入考察其隐喻内涵。

（二）当代中国风格服饰设计的文化表达

关于当代中国风格服饰设计的文化逻辑，如图2所示。有以下三点需要特别说明：

第一，所谓当代中国风格服饰设计，基点是当下的新时代。中华文明作为古代四大文明中唯一没有中断的文明，其传统文化与现代文化有着必然的连续性，因此在当代中国风格服饰设计的文化表达中，我们不仅要关注传统文化，也需要更加重视现代文化，让当代中国风格成为新时代中国文化中的一种突出的艺术风格，这是建立其文化逻辑的前提。

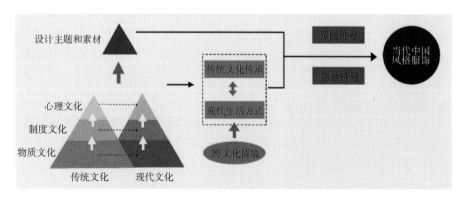

图2　当代中国风格服饰设计的文化逻辑示意图（绘制：鲁文莉）

第二，以当代中国风格服饰作为载体的传统文化的继承和发展，必须符合现代生活的需要，并进一步促进新时代的中国社会时尚创新，新时代的中国本身就处于一个中西文化交融的跨文化的情境之中，当代中国风格服装设计，必须以现代生活方式为基础，将中华民族的优秀传统文化有机传承，与当代社会相适应，与现代生活相协调。

第三，当代中国风格服饰设计，可以从不同层面的中国文化中淬炼和提取设计主题，以显性符号和隐形内涵并举的形式，构建中国风格时尚，完成设计的文化表达。

三、当代中国风格服饰的设计思维

服饰设计的实用艺术定位和装饰特性，决定了其设计思维必然是一个以产品消费者为核心的基本模式。

（一）面向西方受众的中国风

对于西方社会而言，中国始终是一个神秘的国度。古代丝绸之路给西方带去的丝绸、瓷器、刺绣等物品和传说，让西方人对于中国充满神奇的想象，由此构成18世纪以来"中国风"的社会基础。尽管有些"中国风"的作品在身为"自我"的中国朋友看来有些莫名其妙，但是身为"他者"的西方受众却因为作品营造的新颖、奇特和幻想而欣然采纳甚至引以为豪，休·昂纳就在其著作中列举了类似的案例[5]。20世纪五六十年代，因为东西两大阵营的冷战以及中国逐渐打破西方的包围和孤立，并且在毛泽东思想指导下中国发生的翻天覆地的变化，使中国披上了神秘的面纱，也引起一些西方人士和服装设计师的关注。1951年，法国设计师迪奥就曾经创作了一组堪称经典的"中国风"作品，其中有一件白底西式晚装裙，印上了唐代著名书法家张旭草书的医案《肚痛帖》（图3、图4）。在20世纪60年代的巴黎，有那么一个以设计师、知识分子、学生和工人构成的亚文化群体喜好"Mao"装，尽管他们未必信仰"毛泽东思想"，也不太了解中国，"Mao"装中的领型甚至是尼赫鲁夹克式的，但是并不影响他们在聚会中用这种着装体现他们的生活态度[6]。在20世纪70年代和20世纪90年代，中美建交、香港回归中国等国际热点事件均引发了一批"中国风"作品的出现（图5）。而21世纪随着中国逐渐走向世界舞台的中心，从路易威登、香奈儿到拉

图3　1951年迪奥设计的白底印字西式女裙
（图片来源：大都会艺术博物馆官网）

尔夫·劳伦，又出现诸多新的"中国风"服饰设计，还有诺顿以苗族图案为主题的 2015 秋冬"中国风"作品（图 6）。对于很多西方受众而言，他们本身是否了解乃至热爱中国不重要，只要作品能够通过中西之间的空间距离让他们产生新奇的时尚美感或者心理刺激，就是好作品。事实上，服饰设计作为实用艺术领域的装饰艺术，形式大于内容本来就是其常态。

（二）面向中国受众的中国风格

相对于西方"他者"受众，中国风格对于中国受众则是"自我"母体文化的体现，因为受众对于本国文化有身在其中的理解和感悟，他们对于中国风格的诉求就会更加严苛。中国文化的博大精深，以及中国民众近年来对于传统文化的热情，促使越来越多的中国设计师和

图 4　收藏于哈佛大学艺术图书馆的张旭《肚痛帖》
（图片来源：大都会艺术博物馆官网）

图 5　迪奥 1997/1998 秋冬作品
（图片来源：大都会艺术博物馆官网）

图 6　诺顿（Dries Van Noten）以苗族图案为主题设计的
2015 秋冬作品
（图片来源：秀评网站）

品牌投身中国风格服饰设计之中。在两次"当代中国风格时尚设计大展"之中，本人有意识地从文化表达角度遴选了两批中国风格设计作品，如 2019 年展览中吴海燕的灵感来自北京法海寺壁画的"东方盛世"系列作品（图 7）、张肇达的理念出自《道经》中"物物相生，始开于炁"的"炁"系列作品（图 8）、程应奋的艾德莱斯绸女装（图 9），以及 2015 年展览中东北虎（Ne•Tiger）品牌的"华•宋"作品（图 10）、楚艳的 APEC 女配偶服装、王玉涛的"茶"系列服装等。而李宁品牌近年来在纽约时装周首发的中国风格作品，让该品牌的销售业绩重新攀升。李宁 2019 秋冬系列（图 11），以"行"为主题，取自《荀子•修身》中的"路虽弥，不行不知"，将中国山水画作为主要特色素材。

图 7　吴海燕的"东方盛世"系列作品（摄影：田占国）

图 8　张肇达的"炁"系列作品（摄影：田占国）

图9 程应奋的艾德莱斯绸女装（摄影：田占国）　　图10 东北虎（Ne·Tiger）品牌的"华·宋"作品
（图片来源：Ne·Tiger）

图11 李宁品牌"行"主题
（图片来源：搜狐网站）

青睐于中国巨大的消费市场和中国民众强大的购买力，一些西方品牌和设计师也开始进行取悦中国受众的中国主题的设计，希望以此来扩大市场份额。例如，2018年纪梵希彩妆新年限定礼盒，以梅花、烫金、大红颜色构建中国风格，古驰则通过与迪士尼的合作，用米老鼠主题服饰作为2020鼠年中国春节特别款。

（三）当代中国风格服饰设计的思维导向

站在中国人"自我"的角度看，无论是面向西方市场的中国风，还是面对中国市场的中国风，尽管有不少成功之作，也有诸多不尽人意之处。对于中国主题的表达，大多集中于中国传统器物和图案的符号化表现，忽视了中国文化的精神内涵挖掘；对于传统文化的表达，没有与当代生活相结合；对于中国元素的运用，与当下时尚的融合程度不够，有生拼硬凑的割裂感。诸如此类的问题，其结果会使得作品完整度不够。

因此，当代中国风格服饰设计需要有更加明确的思维导向。其基本原则是把握新时代的时尚特征，"不忘本来、吸收外来、面向未来"。其基本思路是面向新时代美好生活，推进传统文化的创造性转化、创新性发展，在此基础上，以当代中国风格为切入点构建新时代的中国服饰文化。其长期目标是通过当代中国风格服饰体系的构建，形成和完善新时代中国时尚的核心价值观，展现中国精神、中国价值、中国力量。

基于以上对于当代中国风格服饰设计的认知，作者认为当前有四个方面需要进一步加强。首先，加强对于中国历史的再学习。坦率而言，目前中国民众和设计师群体对于中国历史的认识存在碎片化和表象化的现状，需要在再学习的过程中，对于宏大的中国历史形成连贯性的深刻记忆，在提升整个社会的文化自信和服饰文化水准的同时，不仅让历史成为设计的重要灵感源泉，更要让中国传统的审美观成为当代设计的重要观照。其次，加强对于传统文化的再演绎。文化的继承和发展就是一个扬弃的动态过程，对于传统的传承不等于是对于过去的复制，事实上历史也从来不可以复制。在"非遗"的浪潮中，需要清醒地认识到，并非所有的"非遗"均可以活在当下的时尚之中。再次，加强对于当代生活的再创造。艺术源于对生活的感悟，源于生活并高于生活。当代中国风格的服饰设计，同样需要扎根新时代，去描绘美好生活的时尚精神图谱。最后，加强对于时代特色的再赋予。在社会群体日益细分的21世纪，当代中国风格的服饰需要对接不同社会群体的文化认知，用国际化的设计语言表述中国化的民族元素，只有让不论是"自我"还是"他者"的中西时尚界能够看得懂，才能让受众乐于用。

四、跨文化情境下的当代中国风格服饰设计与国家文化形象

国家文化形象是一个国家文化传统、文化行为、文化实力的集中体现，它反映了一个国家的国民素质和精神风貌，文化吸收能力和文化创造力以及国家文化的国际影响力[7]。对应以上国家文化形象的定义和特点可以发现，当代中国风格服饰设计与新时代国家文化形象建

设有着非常密切的关联。

如果换个角度，从国家文化建设的高度出发，当代中国风格服饰设计不仅要担负崇高的使命，也面临着更加艰巨的任务。首先，近现代历史的发展，使得当代中国服饰处于一个跨文化的情境之中，西方服饰体系借助工业文明的传播，成为中国乃至世界民众日常着装的共有主流形式，因此在当代中国风格服饰设计中存在如何处理西方流行时尚与中国文化特色的关系问题。好在中国的传统服饰文化具有开放包容的属性，关键是要处理好对于中西文化的兼容并蓄、表里主次等问题，每一个民族的优秀文化都是属于全人类的，无论是中国传统服饰，还是西方服饰都是如此，因此，不能也没有必要去排斥西方服饰时尚，而是要在彼此的交融中，用具有中国特色的服饰提升中国在国际时尚体系中的地位，让当代中国风格服饰和国家一起走到国际舞台的聚光灯下，用包括服饰在内的文化软实力营造和赢得世界的尊重与仿效。20世纪初期的美国时尚曾经唯巴黎是从，自70年代开始，美式服装作为美国生活方式的代表，逐渐在全球范围内建立了自己的地位，纽约时装周成为国际著名四大时装周之一，牛仔裤作为美式文化的代表，进入了全世界民众的衣橱。其次，中国国家文化形象是建立在中外民众的心中的，它需要中国民众的共识和世界社会的认同，中国风格服饰需要一个立体丰满的体系去应对国内外日益多元的群体文化心理。因此，当代中国风格服饰设计，不仅要有国家层面的礼仪盛装，也需要热爱中华传统服饰文化的人们穿用的汉服、年轻人在日常生活中偏爱的国潮、商务场合的旗袍（图12）以及各类人生重要场合和重大时节的礼仪与特色服装；不仅需要有流行性的时装，也需要创造能够经得起时间涤荡而留存为习俗的经典，而且它们应该能够让使用者构成从上到下、从里到外的完整成套装扮。最后，中国是一个多民族国家，即便是汉族文化也有诸多文化流派和宗教形式。因此，当代中国风格服饰设计，可以具有不同的民族主题和文化主题细分，彰显不同的民族特性和多样的文化特性。本文前面提到的吴海燕、张肇达和李宁品牌作品，主题分别来自佛教、道教和儒家文化，但是均属于当代中国风格服饰设计的范畴。

图12　荷言品牌"金锁记"主题旗袍
（图片来源：姑苏荷言）

五、结语

当代中国风格服饰设计尽管与西方"中国风"同为中国主题服饰设计，但是有"自我"和"他者"之分。其文化逻辑的基点在于当下，着眼于传统文化在当代的有机传承，从传统与现代文化的不同层次中凝聚主题、积累素材，外显与内涵并重，实现中国风格时尚的文化表达。其设计思维的核心在于不同文化感受的中外受众，在思维导向上有其原则、思路和目标。在跨文化情境之下，当代中国风格服饰设计在国家文化形象建设中发挥有重要作用。让我们坚定文化自信，用立体丰满的当代中国风格服饰设计体系，描绘新时代的美好生活的时尚图谱。

本文系国家社科基金艺术学重大项目"设计美学研究"（19ZD23）阶段性成果。

感谢博士研究生鲁文莉、马玉儒为本文整理图片、编辑和制作。

［1］卞向阳. 服装艺术判断［M］. 上海：东华大学出版社，2006.

［2］包铭新. 欧洲纺织品和服装的中国风［J］. 中国纺织大学学报，1987，13（1）：91-92.

［3］卞向阳. 中国服装设计研究70年［J］. 装饰，2019（10）：32.

［4］夏征农，陈至立. 辞海：第六版缩印本［M］. 上海：上海辞书出版社，2010.

［5］Hugh Honour. Chinoserie, the Vision of Cathay［M］. London：John Murray, 1961：2.

［6］Men In Vogue……Notes, Quotes, And Votes［J］. Vogue, 1967, 9：231.

［7］冯颜利. 论当代中国文化形象建设与综合国力的提升［J］. 社会科学家，2019（6）：12.

倡导"华服"与穿着"旗袍"引起的思考

李超德

【摘　要】服装是人类生活的一面镜子,反映的是一个时代社会风貌的缩影。我们需要从欧洲工业革命与服饰流行趋势的大背景下,去探讨民族性与世界性的关系,我们既要摒弃狭隘的民族本位主义,又要避免抽象的民族虚无主义,化"对抗"为"融合"。"华服"引发的不仅是民族化与时尚化的认识与践行,更是在"道"与"器"层面上的思考和探索。"华服"不应只是某种具象形态的表现,更应注重精神内核的表达。倡导中国的服饰审美和服饰礼仪,这既是设计话语权表达的文化自觉,又是国内经济发展和国际时尚界地位的象征。

从媒体上得知,对于"什么是华服",专门开了一次研讨会,许多熟识的专家学者、行业中的老朋友都发表了各自的见解。周锦女士作为一名有责任感的企业家,身体力行弘扬民族服饰传统文化,倡导显示新时代、新气象的"华服"概念,具有积极的现实指导意义。服装是人类生活的一面镜子,反映的是一个时代社会风貌的缩影。特别是经过改革开放四十余年的今天,反映在服饰穿着上,民族文化自觉和民族文化价值迫切需要得到确认,已经成为所有服装文化研究者和设计师们共同追求的愿景。然而,我们应该清楚地认识到,面对博大精深"衣冠王国"的历史财富,既不能妄自菲薄,对此视而不见,也不能盲目乐观,臆断出西方人也能人人对来自中国的服饰流行产生回归故国家园之感。服饰某种样式的流行从大里说既是物质的,也是精神的,大到国家政治、意识形态、社会风俗,小到个人趣味。服装是随着经济发展,由高到低、自上而下,影响着人们的价值观念,进而影响人们的生活方式和穿着习惯。中国的服装也走过了一个从模仿到自省、自觉、自立的过程。在"国风"潮流影响下,"华服"概念的诞生,有其必然性。然而,潮流之外,究竟是什么在起着推动力?"华服"流行必须找出服饰表现之外的"道理"。

我曾经在一篇论文中说:服装流行趋势的话语权,不能理解为"对抗",而应该是"融合"。工业革命以后,欧美文化占领了世界主流文化的前沿,服饰作为社会发展的一面镜子,客观地、无可奈何地反映了这一现实。然而,我们应该看到,进入20世纪90年代以后,非主流国家经济的高速发展,多种民族文化元素的融合正成为一种现实,或许这种现象还不完备,有的甚至很残酷,譬如局部战争促使区域文明遭受毁灭性的打击。但是应该看到一种全新的属于全世界的世界性文化正在形成,而世界性文化中包含了多民族的流行元素。20世纪60年代的日本和80年代的韩国的崛起,改变了国际时尚流行的线路。21世纪新兴的中国上海、孟买等地的创意产业园正成为国家新经济的引擎，同时影响着人们的审美观念。因此，强调民族性不代表丧失世界性，而世界性流行中必然渗透着地域性的民族审美。这已经可以从工业设计、环境景观设计，乃至服装设计的国际性大师的作品中得到充分体现。服饰研究者应该拥有宽阔的胸怀和包容性，化对抗的弱势心理为融合的强势与自信心理。我们既要摒弃狭隘的民族本位主义，又要避免抽象的民族虚无主义。

关于"华服"概念的提出，一定会引申不仅仅是一般意义上的对传统服饰民族化和时尚化的思考，而且会引发更深层次上的服饰所蕴含的政治、经济、文化和社会学意义的讨论，这就是"服饰之道"。实则上服饰的物质外表下，服装的设计也蕴含着"道""器"理论。宋代理学大师程颐、朱熹等认为"道"超越于"器"之上。朱熹曾说："理也者，形而上之道也、生物之本也；气也者，形而下之器也、生物之具也。""道"与"器"相对，所谓"道器"；"道"亦与"德"相对，所谓"道德"，意指法则。《老子》曰："有物混成，先天地生……可以为天下母。吾不知其名，字之曰道。"道又成了宇宙万物的本源和本体。道还与一定的人生观、世界观、政治主张和思想体系联系在一起。《论语·公冶长》："道不行，乘桴浮于海。"《卫灵公》："道不同，不相为谋。"指的是道义。当然，所谓"道"，还兼有方法、区域、道路、治理、说词等含义。这让我想起，中国美术学院吴海燕教授和中国丝绸博物馆馆长赵丰教授提议：在会议开幕式当天浙江省的 20 多位女代表和女委员集体穿着旗袍走进人民大会堂，演绎一场"旗袍秀"。他们的提议得到了女委员们的响应，为此做了比较充分的准备，吴海燕还亲自操刀在自己的工作室完成了旗袍的制作。但是，消息一经披露，各种赞扬与批评之声相持不下，"旗袍秀"黯然收场，没有能够在人民大会堂与大家见面。由此引起诸多猜想，增加了"旗袍秀"的几许神秘。

其一，社会舆论焦点集中到浙江省的 20 多位女性政协委员和代表进行"旗袍秀"是不是不务正业？在人民大会堂这样庄严肃穆的场合，"旗袍秀"算不算是挑战政治开明和社会包容性与幽默感的底线？其实，吴海燕作为中国美术学院的教授和著名设计师，她被选为全国政协委员，固然有参与国家政治事务的严肃任务。但是，以我个人的意见看，她身为政协委员有责任为全民族的服饰审美奔走呼吁。同时，美化民众的生活既是她的工作职责，又是作为设计师的道德责任。如果避开许多商业因素，利用这样的场合身体力行倡导优雅服饰也不能说不严肃。因为，她们展示的是我国女性的形象。更何况，服饰制度历来是中国古代统治阶级兴邦治国的国之重典，建立在宗法礼制基础上的服之礼，维系着整个社会的"和谐"，在稳定宗法人伦关系方面的功能，更是刑或法所无法替代的。服饰重典在封建社会何以深得人心，值得关注的是，它是以"礼"的面貌出现的。礼不仅在于它被蒙上一层血缘亲情的温情面纱，还在于它具有一定的与艺术相类似的潜移默化、影响人们心理情感的审美属性。毋庸讳言，当下我们国家在服饰礼仪方面面临的问题是比较多的，许多人穿着粗陋、不分场合、品位低下，已经严重影响国家的整体形象。虽然，我在国内许多场合表达过在现行体制下不赞成搞"国服"，但作为能够展示中华民族服饰文化精髓的"华服"，还是比较宽泛的概念，所以我认为还是值得提倡和探讨的。能够展现中国女性优雅形象的旗袍，当然可以包含在"华服"的概念中。因此，所谓的"旗袍秀"实则上已经超越了服饰本身，上升为民族文化自觉与自醒的讨论。所以我对于吴海燕的提议表示理解与赞同。

其二，按有关规定人大代表和政协委员出席两会应该以正装出席。通常意义上的"正装"，是指适用于正式场合的正式服装，正装就是正式场合的装束，而非娱乐、运动、休闲和居家环境的装束。一般意义上的正装在当下可以看成诸如西服、中山装、西装套裙、民族服饰等服装。旗袍作为民族化的服饰，在民国时期和1949年以后相当长的一段时间，都是作为体现中国女性形象的装束而得到公认的正装。也曾有一段时期，旗袍被看成是封、资、修的东西。但改革开放以后，在重要的国际场合，我国的许多女官员、女学者、女艺术家都以穿旗袍为荣。日益发展的信息技术使卫星电视能够将巴黎、米兰、纽约等时尚都市的最新流行时尚快速传递到城市的每一个角落。然而，人们在快节奏工作之余，为消除激烈竞争带来的紧张心理，避免高层公寓、写字楼给人造成的心理压抑，往往容易勾起对往日情怀的回忆与追寻，进而调节身心。民族化服装恰好是这种情绪凝结的载体。20世纪80~90年代，世界时尚潮流一直以简约主义风格为主流，即便偶有变异，也冠以"奢华的简约"之名。从而，高级时装日益萎缩，许多国际大牌时装转向二线品牌运作，使服装更贴近平民，更年轻化，大众化。当历史的巨轮进入新世纪时，人们在高楼铸就的城市森林中，面对冰冷的金属构件和混凝土构筑的环境，不满足于西方的全球化流行风尚，追求古典情怀的审美趣味。国际设计大师的时装秀中，古典风尚的作品大行其道。旗袍等民族服装流行可以说是顺应了人们古典主义的审美趋向。同时又是国内经济发展以后，民族文化价值急需自我确认的表现方式。在重要场合，我国妇女究竟应该穿什么样的衣服？似乎没有定论，中西皆可。有一位画家说：有品位的人是古典的。或许这句话有失偏颇，但对古典情怀的欣赏和实践正被越来越多的人所理解与追随。因此，今天看来，"华服"以比较宽泛的大概念，为具有民族审美意味服饰留下想象空间，不失为一种折中的审美倡导。

其三，从"旗袍秀"事件到围绕"华服"大概念的讨论，服饰又不仅仅是设计形式、材料和功能话题，更是文化问题。服分华夷，倡导中国的服饰审美和服饰礼仪，这既是设计话语权表达的文化自觉，又是国内经济发展和国际时尚界地位的象征。有一个阶段，社会人士和文化学者曾经掀起过服饰民族化的舆论高潮，甚至有政协委员提过提案，要求国家推行所谓"国服"制度，以此来推动民族化服饰的穿着。我是民族化服饰的倡导者，但针对推行国服问题，我却又是坚定的反对者。我向来主张国际化不能以民族文化多样性的消失为前提，民族化服饰可以维护中华文明和传统文化的传承，增强民族的凝聚力，"华服"可以说是设计美学品格与设计话语权的彰显。但是，如果以某一种严格的民族化服饰来确定国家服饰制度，我觉得离开了现今国家体制和社会价值倾向是无法从本质上确立逻辑基点的。而将服饰上升到为捍卫民族文化精神的高度，又使得服饰的学术命题具有了历史的沉重感。我们讨论"国服"的初衷是对民族精英文化的认同。然而，将服饰文化作为一种制度来讨论的时候，却带有宗法的色彩。作为拥有五十六个民族的大家庭，用一种服制来彰显文化将是一种浪漫主义的思考方式，从而不可能适应现代社会人的主观要求。如果我们不能认清全球化语境下文化价值观趋同的这一趋势，如果不能准确找到一种"华服"的定位与表述，如果我们不能认清今天的服饰文化作为流行世俗文化所持有的性质，那将有碍于"华服"的发展与完善。

其四，民族化服饰一旦脱离了一定的时代背景，古典的具象形式只能是僵硬的和拼贴痕迹很重的文化图解。因此，所谓"华服"又确实存在着进一步进行设计提升的问题，我们应关注"华服"设计中传统元素、民族形式与古典情怀的关系问题。古典情怀和民族形式只有融入时代的精神，方为大多数人所接受。加里亚诺和瓦伦蒂诺都是高级女装的设计大师，他们阐释的古典主义透露着现代气息，是一种古典情怀的精神内核，而不是某一种样式的具象形态。只有汲取民族服饰的某些元素，抽离某些不适应现代生活的具象形态，而着重体现"华服"精神的服饰才可能为人们所接受。以我个人的观点而言，传统中式服装虽然有其休闲、舒适的一面，有时也能满足一时标新立异的兴趣，但是，于社会生活方式的潮流受到经济发展的制约，最终影响人们的审美价值观。同时，我们应该看到，现代服饰时尚仍然是以欧美文化占主流。因此，中式服装作为时装化的服饰，在全球化时代不可能大面积流行。对襟、盘扣、立领加缎面的中式服装所抒发的古典情怀只能满足部分人的审美心理和生活品位。因为，社会发展的途径是多样化的，人的审美意识的主观性促使服饰时尚跟随着时代的大潮流也会呈现出多样化的状态。因此，"华服"不应该简单看成是中式服装，"华服"的设计应该契合年轻人的服饰文化流行，在流行潮流中印刻着中华传统文化的意蕴，关键是如何将中华民族优秀的传统元素进行现代设计转化，这才是我们当今需要的"华服"。

曾经长期在服装媒体界工作的朋友杨平女士，十多年前送我一本法国高级时装公会主席迪迪埃·戈巴克（Didier Grumbach）所著的《亲临风尚》。这本有着近 500 页的 8 开的宏篇巨著，想不到出自一位现任法国高级时装公会主席之手。讲服装和时尚流行大家都喜欢拿巴黎说事，对高级时装之都的巴黎，人们更多关注的是它的流行，仿佛走过香榭丽舍大街，吹来的都是塞纳河的香风。我们有一种习惯性的认知，能够一针一线做出服装才是最大的设计"道"，又似乎法国人生性浪漫，从来不讲云里雾里的"道"，只讲风花雪月的"艺"。一些去伦敦、巴黎、纽约、东京浮光掠影转过几圈的大师们，以一种极权威的姿态鄙视服装设计的义理之学，这也是我为何要花这么长时间讲"华服"之"道"。戈巴克完全有理由和资格来担负领导法国高级时装公会的工作，这不仅因为他曾长期主持国际时装名校"法国时尚学院"，他甚至亲手编撰了《亲临时尚》。这本专著 1993 年出版以来，长期作为法国高等服装教育的必修教材，一直享有盛誉。戈巴克在他的序言中说："作为社会变革与审美观变迁的忠实预报器——时尚，以它全然不带偏见的视角将抽象的变革具体化。社会的政治变迁总是试图用自己的强权将时尚这一维持权力形象的最优雅的象征占为己有，而时尚总是会适时挺身而出，表达出对于人性个体的充分尊重"。他接着说："时尚是社会生活的通俗化身，它并不是人们臆想的，一旦是流行的东西便意味着它随即将要消亡，其实一直在与日常生活并肩而行，这就是为什么时尚脉搏的跳动总是能引来最大范围的公众关注。"他的一席言语不正是揭示出了时尚流行（器与艺）背后的义理之道吗？杜钰洲先生在为《亲临时尚》所撰写的跋序中说："戈巴克以史学者的严谨、经济学者的思维以及在服装界奋斗近半个世纪的亲身经历和感悟，又以客观流畅的笔调将发生在法国高级时装业和高级成衣业历史长卷中的那些叱咤风云的品牌和人物众多鲜为人知的探索历程和思维变迁巧妙地融入清晰的历史脉络中，进而从发生在各时代真实生活中的那些纷繁复杂深层矛盾中揭示出纵横时尚历史的发展主线和演进规律。"

因此，在我看来围绕"华服"的讨论我们需要什么样的、能够彰显民族意味的、又能契合于时尚潮流的、现代人能够穿着的服饰，绝对是服装设计的"道"中之"道"。论述服装设计之道看来不是可有可无的，中国服装设计面对"衣冠王国"的博大财富曾经极端的自豪。然而，在设计思潮全球化的今天，在国际创意产业迅猛发展的背景下，仍然悠然自得，就显得有些故步自封了。所谓"华服"的设计如果仅仅停留在用中国传统儒、道、禅学的义理，反复图解和注释民族图案和中式传统服饰形式的已有成果，似乎有些像晚清知识分子那样只能以我儒学独大改良社会的思维了。我的老同学、著名设计师王新元曾经出版了一本谈艺录《把服装看了》，虽说该书篇幅不大且内容广泛，但作为中国著名服装设计师能够以一种"把吴钩看了"的心境大谈服装设计的义理之道，迄今还是第一人。我曾和王新元有过许多次的长谈。严格来说，他是做衣服的人——从艺，我是研究学理的人——从道。而做衣服的王新元似乎更关注理论，他曾怀有要写一篇服装界永留世间的经典之文的想法。而我则特别关注设计潮流的演变以及潮流背后的文化哲理，我和许多设计师、策划人、模特成为好友，想法只有一个：服装设计既不能浅薄，又不能空泛，你设计不好，找不到直指人心好设计的设计形式，说明还是读书少。设计关乎历史的、哲学的、设计的、批评的，乃至教育理想的。有一个阶段中国美术学院的张辛可教授曾经有过构建起以上海为中心的服装设计理论研究高地的设想。现在想来他这一构想虽然激情澎湃，但多少有些罗曼蒂克。后来由我和吴洪、李当岐、刘元风、吴海燕、陈建辉、肖文陵、张莉、惠淑琴等教授，以及中国美术家协会的朱凡等共同发起、组建，并且得到中国美术家协会领导的支持，终于在 2008 年成立了中国美术家协会服装设计艺术委员会，从组织上确立了服装学理研究的组织机构，催生了我为这个艺术委员会贡献一些理论成果的想法。2009 年 1 月，杭间教授送我一本他刚刚出版的专著《设计道》，大谈设计道，让我有如他乡遇故友的感觉。由此，研究设计之"道"，我们有许多同行者。

关于"华服"，前不久曾经召开了一次研讨会，我未能参加会议，失去了聆听各位高见的机会。今天，周锦女士希望我为即将召开的更大规模的"华服论坛"写几句话，于是我将自己的一些思考写出来，是对朋友的交代，对论坛的支持。我希望以此次"华服设计大赛"为契机，让更多的年轻设计师能够设计出既能体现中华民族服饰意蕴，又能完成现代设计转换并体现时尚意识的现代"华服"。这样的"华服"不是以那种程式化的样式出现在人们面前，而是呈现出多样化的设计，这也许就是我的困惑、悖论与思考。

[1] 朱熹. 朱文公文集 [M]. 北京：国家图书馆出版社，2006.

[2] 陈晓芬. 论语 [M]. 北京：中华书局，2016.

隋初皇后礼服"改制"考论

张玲

【摘　要】在中华历代王朝中，隋代服制建设多有创见，尤以初期皇后礼服"改制"一例最具特色。隋废止了先秦以来女性礼服上衣下裳相连属的"深衣制"传统，首开效法男性礼服上衣下裳分离的"二部式"先河。这次改制，从制度确立到实施，衔接有序，贯彻始终，对唐宋诸代产生了深远影响。

公元 581 年隋文帝杨坚受北周禅让登基，数岁后平陈（589 年），一个大一统的中央集权制国家诞生。隋立国之初，裁辑经史，鼎革旧弊，厘定了一系列包括服制在内的国家典章制度。以往学界论及隋代服饰，普遍认为隋初基业草创，文帝尚简节用，服制多无建树。至炀帝时，才始创衣冠，建立了较完备的章服制度[1][2][3][4]。如检视史书中有关隋代礼制的记载，便会发现，以上说法失之粗疏。在国家服制建设上，公元 582 年《开皇令》的颁布，确定了以皇后为中心的内外命妇礼服的新形制——摒弃周汉以降"连衣裳"的"深衣制"传统❶，向男性礼服"殊衣裳"的"二部式"风格转向。这个历史性创举，为隋后世承袭，并影响唐宋诸代。本文拟就以往甚少涉及、但意义显著的隋初皇后礼服"改制"问题，从文献和图像史料两方面做简要探讨，以期大致还原这一历史面貌。

一、周汉以降的"深衣制"传统

王后礼服制度始载于《周礼·内司服》，并成为汉魏以来后妃礼服制度之渊薮，"内司服掌王后之六服，袆衣、揄狄、阙狄、鞠衣、展衣、缘衣，素纱"。汉儒郑玄曰："六服皆袍制""连衣裳而不异其色"❷。清人任大椿言："《周礼》王后六服，制度皆本深衣"❸。据《续

---

❶ "深衣制"一词，《续汉书·舆服志》首见，《晋书·舆服志》复见，后世多有沿袭。"深衣制"特指与先秦古制"深衣"形制相似的基础服装样式，即上衣与下裳独立剪裁，于中腰处将二者缝合，成为"连衣裳"的经典范式。

❷ （汉）郑玄注，（唐）贾公彦疏：《周礼注疏》卷第八《内司服》；李学勤主编：《十三经注疏》，北京大学出版社，2000 年，第 238 页，第 239 页。

❸ （清）任大椿撰：《深衣释例》卷二，《续修四库全书》（107 册），上海古籍出版社，2002 年，第 229 页。

汉书·舆服志》所记，推知郑玄谓六服皆"袍制"，实与"深衣制"同属❶。秦、西汉之际，皇后服制无载，迟至东汉明帝始有定制，"皇后谒庙服、绀上皂下，蚕，青上缥下，皆深衣制"❷。晋承汉仪，程式相袭，"皇后谒庙，其服皂上皂下，亲蚕则青上缥下，皆深衣制"❸。宋、齐、梁、陈诸南朝政权，续汉晋衣钵，皇后入庙服"袿襡大衣（袆衣）""助蚕服"❹，其不殊衣裳❺，上下连缀。鲜卑北魏追慕华风，孝文帝效仿南朝前期之文物制度[5]，皇后冠服概与之近同。北齐服制效法古仪，皇后之服悉同周制（六服）。北周更显繁缛，后服有翟衣、揄衣、鷩衣、鸼衣、鶠衣、翙衣、苍衣、青衣、朱衣、黄衣、素衣、玄衣，凡十有二等❻。此诸命秩之公服，盖深衣之制❼。参酌文献史料及今人论断，大略可知周汉以降直至北周，王（皇）后礼服形制当一脉相承，为"连衣裳"的"深衣制"。

除文献以外，隋以前皇后礼服的形象史料更推进了对"深衣制"的理解。北朝重要的奠基者、汉化改革的先驱——北魏，其皇后服制虽史书无载，但皇家石窟造像中帝后礼佛图的存在恰好弥补了这一不足。北魏帝后礼佛图存于龙门石窟宾阳中洞和巩县石窟寺两处。前者是北魏宣武帝为先帝孝文帝和文昭皇太后高氏凿建（508 年），该礼佛图在民国时期被盗凿而流失海外。经张旭华考证，礼佛图主体人物应是孝文帝和文昭皇太后，继而指出，孝文帝身着隆重的汉式衮冕，文昭皇太后服深衣制礼服，大袖长裾，绶带下垂[6]。但论者对判断为"深衣制"的理由未予说明。以下将以少有盗扰、形象可靠的巩县石窟寺帝后礼佛图为据，对北魏皇后礼服的形制问题再做讨论。巩县石窟寺（位于今巩义市城西大力山南麓）为北魏晚期作品，五座洞窟中的三座设帝后礼佛图，其艺术性、完整性尤以第一窟为最。陈明达认为第一窟开凿者为宣武帝及灵太后胡氏[7]，礼佛图中的帝后二人当与此相应。帝后像分列石窟南壁两侧，东侧为皇帝群组（图 1），西侧为皇后群组（图 2）。礼佛图中陪驾者的等级，位置的先后、冠服的繁简、随从的多寡、伞扇的规格等体现身份等级的差别，反映了北魏晚期礼仪制度已完全确立[8]。图中皇帝身着隆重的冕服，冕冠垂旒，上衣下裳，前附蔽膝，大带高束。随从的官员则服笼冠服，依等级有别。女侍虽着鲜卑风俗的裤褶服❽，但已趋褒博，为行动之便，膝下或以绳带绑缚。皇后群组的服饰汉化程度明显，后妃皆戴宝冠，着连身长裙，宽袖舒垂，腰系大带，曳地的裙摆为女侍托起。值得注意的是，皇后群组中所有女侍亦

❶ （晋）司马彪撰，（梁）刘昭注，《续汉书·舆服下》："服衣，深衣制，有袍，随五时色。袍者，或曰周公抱成王宴居，故施袍……今下至贱更小吏，皆通制袍"，《后汉书》，中华书局，1997 年，第 3666 页。另据马王堆一号汉墓所出女性袍服实物，亦见"连衣裳"的"深衣制"特征，参见湖南省博物馆、中国科学院考古研究所编：《长沙马王堆一号汉墓（上）》，文物出版社，1973 年，第 65~69 页。

❷ （晋）司马彪撰，（梁）刘昭注，《续汉书·舆服下》，《后汉书》，中华书局，1997 年，第 3676 页。

❸ （唐）房玄龄等撰：《晋书》卷二十五《舆服志》，中华书局，1997 年，第 774 页，第 775 页。

❹ （唐）杜佑撰：《通典》卷第六十二《嘉礼七》，中华书局，1988 年，第 1740 页。

❺ （清）任大椿撰：《深衣释例》卷二，《续修四库全书》（107 册），上海古籍出版社，2002 年，第 229 页。

❻ （唐）杜佑撰：《通典》卷第六十二《嘉礼七》，中华书局，1988 年，第 1741 页，第 1742 页。

❼ （清）任大椿撰：《深衣释例》卷二，《续修四库全书》（107 册），上海古籍出版社，2002 年，第 230 页。

❽ 裤褶服为北族特色服饰，上衣下裤，男女通服，但后期受汉化影响，袖口和裤口明显加宽。南朝和北朝妇女都着此装，以北朝为盛。周锡保：《中国古代服饰史》，中国戏剧出版社，1984 年，第 131 页，第 132 页。

图1　第一窟南壁东侧上层：皇帝礼佛图（局部）
（图片来源：《中国石窟：巩县石窟寺》图版39）

图2　第一窟南壁西侧上层：后妃礼佛图
（图片来源：《中国石窟：巩县石窟寺》图版4）

着连身长裙，与皇帝群组中上衣下裤的女侍构成鲜明的形象对比。皇帝群组衣着悉为"二部式"结构——"上衣下裳"或"上衣下裤"，皇后群组皆为通体的连身式样，两群组在着装风格上截然不同。北魏服制的汉化改革自道武帝始，经孝文帝太和时期的大力推动已趋近成熟[9]。不难想象，与帝王冕服上衣下裳的"二部式"相对应，皇后礼服的"连身式样"必然是"周礼"所规约的"深衣制"，以示妇人"不殊裳，上下连"之意。北魏帝后礼服形制的差异化特征反映了儒家的性别等级观念已渗入鲜卑政权的礼制中。以北魏为典范，西魏北周、东魏北齐在冠服制度上大规模地复兴"周礼"，其力度与深度让南朝相形失色[9]。可以显见，在南北诸政权"复兴古礼"的"正统"竞技中，代表周礼精神的女性"深衣制"传统必为胡汉两族奉为圭臬，而贯穿始终。

二、隋初的"二部式"转向及其影响

传承千载的后妃礼服的"深衣制"传统至杨隋政权的建立始告终结。女装开始仿效男装，向"殊衣裳"的"二部式"风格转向。

（一）"二部式"的确立

关于隋代礼仪制度的文化源流，陈寅恪认为，隋承北周遗业，却不依其制，别采梁礼及后齐仪注[5]。但就隋初《开皇令》颁布的皇后礼服制度而言[10]，并未借鉴北齐服制❶，而是择取北周十二服中的"青衣"和"朱衣"，与传统的"袆衣""鞠衣"构成四等礼服，《隋书·礼仪志》载❷：

> 皇后袆衣，深青织成为之。为翟之形，素质，五色，十二等。青衫内单，黼领，罗縠褾、襈，蔽膝，随裳色，用翟为章，三等。大带，随衣色，朱里，纰其外，上以朱锦，下以绿锦。纽约用青组。以青衣，革带，青袜、舄，舄加金饰。白玉佩，玄组、绶。章采尺寸，与乘舆同。祭及朝会，凡大事则服之。

> 鞠衣，黄罗为之。应服者皆同。其蔽膝、大带及衣、革带、舄，随衣色。余与袆衣同，唯无雉。亲蚕则服之。

> 青衣，青罗为之，制与鞠衣同，去花、大带及佩绶。以礼见皇帝，则服之。

> 朱衣，绯罗为之，制如青衣，宴见宾客则服之。

隋初皇后礼服设袆衣、鞠衣、青衣、朱衣四等制度，但皇后之下不设三妃九嫔之位，故妃嫔礼服制度空缺。地位较低的世妇、女御，唯服青衣、朱衣而已（祭蚕服鞠衣）。皇太子妃、公主、王妃、三公夫人仅服褕翟，鞠衣二等❸。至炀帝登基，三妃九嫔制度始得完备，诸命妇服依品次逐一增补❹。明显可见，隋初皇后礼服拥有至高无上的地位，对下级命妇礼服具有高度的统摄性。袆衣居于皇后礼服之首位，当是各级礼服制式的标尺。

据《隋书》可知，隋代皇后袆衣制度摆脱了周汉以来女性礼服的"深衣制"式样，开始移用男性礼服的"二部式"范式。《隋书·礼仪志》对隋初皇帝的衮服制度有详尽的记载❺：

> （衮服）玄衣，纁裳。衣，山、龙、华虫、火、宗彝五章；裳，藻、粉、米、黼黻四章。衣重宗彝，裳重黼黻，为十二等。衣褾、领织成升龙，白纱内单，黼领，青褾、襈、

---

❶ 关于隋代冠服制度更大程度借鉴于北周，而非北齐，阎步克以帝王"冕服"为例，已有相关讨论，本文认为女性冠服也符合这一特点。阎氏理论详见阎步克著：《服周之冕——〈周礼〉六冕礼制的兴衰变异》，中华书局，2009年，第310页。

❷ （唐）魏征等撰：《隋书》卷十二《礼仪志七》，中华书局，1997年，第260页。大致相同的制度内容在《通典》《文献通考》中皆有记述。

❸ （唐）魏征等撰：《隋书》卷十二《礼仪志七》，中华书局，1997年，第260~262页。

❹ （唐）魏征等撰：《隋书》卷十二《礼仪志七》，中华书局，1997年，第276页，第277页。

❺ （唐）魏征等撰：《隋书》卷十二《礼仪志七》，中华书局，1997年，第254页，第255页。《通典》《文献通考》也有相似的制度记述。

裙。革带，玉钩鰈，大带，素带朱里，纰其外，上以朱，下以绿。韨随裳色，龙、火、山三章。鹿卢玉具剑，火珠镖首。白玉双佩，玄组。双大绶，六采，玄黄赤白缥绿，纯玄质，长二丈四尺，五百首，广一尺；小双绶，长二尺六寸，色同大绶，而首半之，间施三玉环。朱袜，赤舄，舄加金饰。配圆丘、方泽、感帝、明堂、五郊……则服之。

两相对照，可见隋代皇后袆衣制度完全照搬了皇帝衮服制度的构成要素：上衣、下裳、大带、蔽膝、白玉佩、玄组、绶、袜、舄。除衣裳的色彩、纹饰男女不同外，礼服配饰的品类、工艺多有重叠。女装 "蔽膝随裳色" "大带随衣色" 的制度规定，与男装一致。女性礼服所强调的 "妇人尚专一" 的 "连衣裳" 惯式被彻底取代。

隋初开创的皇后服制新篇为唐王朝所继承。正如陈寅恪指出，"李唐传世将三百年，而杨隋享国为日至短，两朝之典章制度传授因袭几无不同，故可视为一体，并举合论"[5]。唐代皇后袆衣制度与隋代高度契合则印证了这一点。《新唐书·车服志》载："袆衣者，受册、助祭、朝会大事之服也。深青织成为之，画翚，赤质，五色，十二等。素纱中单，黼领，朱罗縠褾、襈，蔽膝随裳色，以緅领为缘，用翟为章，三等。青衣，革带、大带随衣色，裨、纽约、佩、绶如天子，青袜、舄加金饰"❶。唐代皇后袆衣亦衣裳相殊，礼衣配饰悉 "如天子"。以儒治国的大宋王朝对隋唐之制悉加采纳，配饰规定进一步详备❷。高度汉化的大金国同样继承了这一服制改革的精神遗产。金人礼典所记皇后袆衣制度极为详尽，尤为难得是对隋唐宋三代袆衣制度中的裳裙信息给予重要补充，从而使隋唐以来皇后礼服的 "二部式" 特征更见清晰。《大金集礼》载："袆衣，深青罗织成翚翟之形……裳，八幅，深青罗织成翟文六等，褾、襈织成红罗云龙，明金带腰"❸。由八幅深青罗裁制的皇后下裳，缝明金带腰，与质色相同的上衣各自独立，构成衣裳分离的 "二部式"。

（二）"二部式" 的实施

以往学界认为隋初在服制建设上少有作为，或疏略简陋[11]，或虚备不用[12]，并多引《隋书·礼仪志》所载："至平陈，得其器物，衣冠法服始依礼具。然皆藏御府，弗服用焉"，以证之。然同一篇史志，却另载 "今皇隋革命，宪章前代，其魏、周辇辂不合制者，已勒有司尽令除废，然衣冠礼器，尚且兼行"❹。后条史料则表明隋初立国，"冠服已施"。细思隋得陈之器物，藏而不用的真正原因，恐非是隋皇对冠服的有意轻视，而是认为其并非正统，才会 "以平陈所得古器多为妖变，悉命毁之"❺，使其隐匿不彰。前条史料令人对隋多生误

❶ （宋）欧阳修，（宋）祁撰：《新唐书》卷二十四《车服志》，中华书局，1997 年，第 516 页，第 517 页。《旧唐书·舆服志》《唐六典》所记袆衣制度大致相合。

❷ （宋）郑居中撰：《政和五礼新仪》卷十二《皇后冠服》，《文渊阁四库全书》第 647 册，台湾商务印书馆，1986 年，第 173 页。《文献通考》《宋史》所记袆衣制度大致相合。

❸ 《大金集礼》卷二十九《皇后车服》，王云五主编，《丛书集成初编（二）》，商务印书馆，1936 年，第 251 页，第 252 页。

❹ （唐）魏征等撰：《隋书》卷十二《礼仪志七》，中华书局，1997 年，第 254 页。

❺ （唐）魏征等撰：《隋书》卷二《帝纪第二》，中华书局，1997 年，第 35 页。

解，与修史者不无关联。《隋书》为唐人所撰，唐自命承周汉遗脉，"魏晋至周隋，咸非正统，五行之沴气也，故不可承之"❶。受此观念之影响，修史者断章取义，贬黜隋代的做法便不难理解了。

隋初皇后命妇礼服的"二部式"改革不只限于文字，借助相关形象史料，其实践性应用似可得到印证。隋唐文化一脉，尤其在初唐时期❷，唐代皇后礼服的形制式样可以反映隋代的基本特征。陕西汉唐石刻博物馆收藏有一座唐代经幢构件，四面线刻供养人像及人名，正面刻有唐代帝后隆重的礼佛场面，款题"大唐皇帝供养""大唐皇后供养"。无论从年代、书风、画风，还是从正史记载、官制等第、政区沿革等分析，此经幢构件为真品无疑[13]。有学者根据经幢构件款题的大臣名称推测，图中所绘极可能是复位后的唐中宗李显和韦皇后[14]。皇帝身着"肩挑日月"的衮冕礼服，依此判断与之对应的皇后礼服应为祎衣[15]。皇帝头戴冕冠，身着冕服，褒衣博带，庄严整肃（图3）。皇后礼衣则大袖，上饰翟纹，繁复绮丽。下裳无纹，着蔽膝于前，人带在身侧垂缀而下（图4）。皇后所服上衣、下裳、蔽膝、大带，制度悉仿帝王。于皇后右侧站立的一位陪奉女官，所着礼服亦表现出"衣裳相殊"的"二部式"特征。

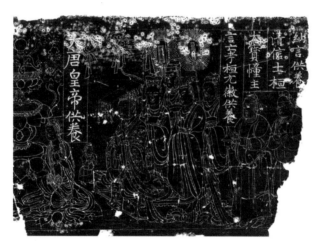

图3　唐经幢构建正面拓片：皇帝礼服形象
（图片来源：《收藏家》2016年第3期，第121页）

---

❶　（后晋）刘昫等撰：《旧唐书》卷一百九十上《王勃传》，中华书局，1997年，第5006页。

❷　初唐与隋文化紧密衔接，从初唐壁画墓所显示的图像证据，可以看出世俗女性腰身高挑，小袖长裙，这一窈窕风尚即高度承袭隋风所致，绵延数十载，至初唐中宗神龙时期（705年）渐向丰润转型发展。至盛唐天宝时期（742年）女性已是体态丰腴，宽衫阔袖，非窈窕峭窄可比。所依图像证据有：敦煌莫高窟62窟、303窟、375窟、390窟隋代供养人壁画，山东嘉祥县英山隋代徐敏行墓（584年）夫妻宴享受行乐图、河南省博物馆藏唐代彩绘仆侍陶俑、陕西礼泉县杨温墓（640年）群侍壁画、陕西礼泉县段简墓（651年）仕女图、陕西礼泉县新城长公主墓（663年）仕女图、陕西富平县吕村李凤墓（675年）、陕西乾陵章怀太子墓（706年）仕女图、陕西蒲城县三合乡唐让皇帝惠陵墓（742年）仕女图等。孙机先生认为，唐初女装衣裙窄小之风大体延续到盛唐开元、天宝时期，服式仍带有初唐作风。另言盛唐时妇女风姿渐以健美丰硕为尚，女装亦兴肥阔式样，至中唐以后，服式愈来愈肥。参见孙机著：《华夏衣冠：中国古代服饰文化》，上海古籍出版社，2016年，第120页。

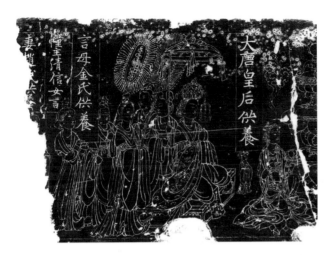

图4　唐经幢构建正面拓片：皇后礼服形象
（图片来源：《收藏家》2016年第3期，第120页）

　　女官"二部式"礼服形象在唐懿德太子李重润墓（706年）中得以复现。该墓石椁墓门线刻"二女官盛妆形象，高冠卷云，前后插金玉步摇，佩玉制度亦极严格"[16]。依穿戴而论，二宫人大致为四、五品命秩[17]。礼衣阔袖舒垂，袖底与衣摆平齐，裳裙显露，高腰束带，具有明显的"二部式"特征（图5）。太子李重润下葬年代为其父中宗李显复位后的第二年，相同时代内皇后与女官礼服同制的事实，说明"二部式"礼服在初唐宫廷内部已上下普及。

　　初唐形象史料无疑印证了隋代宫廷女装施用"二部式"的事实。此制度直接影响大唐衣冠，后又波及两宋，这在故宫南薰殿旧藏宋代皇后御容像中皆有所见（图6、图7）。此外，扬州曹庄曾出土隋炀帝萧皇后礼冠（萧后卒于唐贞观二十二年），其花树，宝钿及博鬓诸特征与唐代

图5　唐李重润墓石椁线刻宫装妇女图
（图片来源：《沈从文全集》第32卷《物质文化史——中国古代服饰研究》插图七九）

皇后首服制度相符❶，而此样制恰为隋代所开创❷。这一融江左，魏齐，北周多元风格于一身的崭新冠式[18]，与改制后的"二部式"礼服相配合，构成了与男子比肩的隋代女性"冠服"系统，为前代所未有。

---

❶　（后晋）刘昫等撰：《旧唐书》卷四十五《舆服志》，中华书局，1997年，第1955页。

❷　（唐）魏征等撰：《隋书》卷十二《礼仪志七》，中华书局，1997年，第260页。

图6　北宋神宗后坐像（台北故宫博物院藏）
（图片来源：林莉娜主编，《南薰殿历代帝后图像
（上）》2020年出版）

图7　南宋高宗后坐像（台北故宫博物院藏）
（图片来源：林莉娜主编，《南薰殿历代帝后图像
（上）》2020年出版）

三、"二部式"变革之缘由

这种历史性转折，缘何在天下一统的隋王朝得以发生？是何种因素引发此变革的产生呢？

（一）"百川归海"的时代契机

魏晋南北朝漫长的社会大动荡，至隋王朝的建立而止歇。前隋时代积蓄的民族文化融合之力，犹如百川归海，历史进入一个蓬勃发展的新阶段。隋唐集汉魏以来政治变革之大成，从国家机构到典章制度均有所创新[19]。隋代的诸多创见被称为"革命性"的。气贺泽保规提出"将隋代视为历史大转折"的观点，认为隋初开皇年间实施的一系列政策，作为制订国家新形象的尝试，已成为后世的样板和镜子[20]。

隋在国家礼制建设上，既有容乃大，北周、北齐、南朝、汉晋及古礼五者，皆为隋制度所用[9]；又择善而从，"既越典章，须革其谬"❶。至炀帝，"于时三川定鼎，万国朝宗，衣冠文物，足为壮观"❷。作为国家礼制一部分的舆服制度多有新创：在帝王冕服制度上，隋开皇首推章纹"重行"装饰法，使中国冕服的"数字化"复杂程度再上新台阶，并为唐宋辽金元诸代所仿效[9]。不仅如此，自《周礼》成书，至隋大业冕服改制，始将帝王"六冕"充实齐备[9]，此可谓不凡之举。与此同步，皇后命妇礼服改为"二部式"，尤具颠覆性，其与隋初

---

❶　（唐）魏征等撰：《隋书》卷十二《礼仪志》，中华书局，1997年，第254页。

❷　（唐）魏征等撰：《隋书》卷二十六《百官志上》，中华书局，1997年，第720页。

政坛一位举足轻重的女性紧密相关。

（二）"随则匡谏"的皇后干政

在隋文帝执政时代，家世显赫的鲜卑族后裔独孤伽罗皇后❶，对国家事务具有高度的主控权。她与文帝同商朝政，形影不离。"上每临朝，后辄与上方辇而进，至阁乃止。使宦官伺上，政有所失，随则匡谏，多所弘益""上亦每事唯后言是用""后每与上言及政事，往往意合，宫中称为二圣"❷。史家不吝记言"由是讽帝，黜高颎，竟废太子立晋王广，皆后之谋也"❸。孤独皇后涉政之深，《剑桥隋唐史》对其评价道："一个后妃在君主的大部分执政时间对他有如此强烈和持续的影响，这实在少见"[21]。

独孤皇后干政于朝阙，又行妒于后宫，尤现鲜卑游牧文化之影响[22]。在独孤皇后的操纵下，后妃制度"唯皇后正位，旁无私宠，妇官称号，未详备焉""虚嫔妃之位，不设三妃，仿其上逼"，仅"至嫔以下，设六十员"❹，惟令"掌宫闱之务""后宫莫敢进御"❺。为树"一尊"独大，她对宫廷命妇的冠服制度亦严加整饬，"又抑损服章，降其品次"❻。不难想象，为了彰显自身的地位，强化与帝王比肩的"二圣"形象，对颇具"妇人"标识的"深衣制"传统予以抛弃❼，改服与男性等同的"二部式"，自在情理之中。毋庸置疑，由独孤皇后主导的这次女装改制一经确立，便会被有效实施，而不会沦为一纸空文。

（三）"上下分制"的北族传统

独孤皇后推动的宫廷女性礼服的"二部式"改革，可视为男权社会下蓄意抬高女性地位的率性之举。这一举措得以施行的一个重要原因是"二部式"范式与鲜卑民族自身服饰文化传统的高度契合，使新形制的女性礼服有了适宜的生存土壤。

在北魏孝文帝汉化改革前，鲜卑男女贵族尚着上下分制的北方游牧民族服饰。上身穿交领（多为左衽）、筒袖而覆至膝盖的上衣，下着裤（男性）或裙（女性），头戴有帽裙的黑风帽[23]。随着孝文帝汉化步伐的逐渐推进，北魏贵族女性中流行汉式的连身长裙[24]，但大多数北族女性仍以上衣下裙或上衣下裤为习尚。随后的东魏北齐、西魏北周，"二部式"仍是北族女性的惯常式样[25]。北朝极具特色的裤褶装（上衣下裤），因穿着便利，男女通服，甚至

---

❶ 隋文献皇后独孤伽罗，北周大司马、卫公信之女。伽罗年十四，嫁与杨坚为妻。帝与后相得，誓无异生之子。后姊为周明帝后，长女为周宣帝后，贵戚之盛，莫与为比。及帝受禅，立为皇后（独孤信之先人为鲜卑三十六部部落大人，即拓跋鲜卑混聚其部落联盟之北边胡族）。

❷ （唐）魏征等撰：《隋书》卷三十六《后妃列传》，中华书局，1997年，第1108页，第1109页。

❸ （唐）李延寿撰：《北史》卷十四《后妃列传》，中华书局，1997年，第533页。

❹ （唐）魏征等撰：《隋书》卷三十六《后妃列传》，中华书局，1997年，第1106页。

❺ （唐）魏征等撰：《隋书》卷三十六《后妃列传》，中华书局，1997年，第1109页。

❻ （唐）魏征等撰：《隋书》卷三十六《后妃列传》，中华书局，1997年，第1106页。

❼ "妇人"这一称谓为独孤皇后所忌讳。《隋书·后妃列传》记载，隋文帝杨坚被独孤氏压制，虽"贵为天子，不得自由"。朝臣高颎为开解文帝忧闷之情，曾劝言"陛下岂以一妇人而轻天下"。"（后）闻颎谓己一妇人，因此衔恨"。鉴于此背景，独孤皇后在礼服形象上有意消解女性特征，并从标识性最强的"深衣制"入手，便不难理解了。

流播南朝。由于民族文化的交融，南朝汉族妇女也以上着襦、衫，下着长裙为风尚[25]，趋向"二部式"。而寻常难觅的"深衣制"仅停留在南北朝最高等级的女性冠服制度中，成为胡汉两族附庸风雅，标榜正统的虚荣标签。"二部式"衣装以其搭配灵活、功能便利而为南北两朝普遍接受。出身鲜卑贵族的独孤皇后将女性礼服改为"二部式"，在制式上与男子比肩的同时，又获得服用的便利，实可谓两全之举。

四、结语

源自周礼的后妃礼服的"深衣制"传统，历经魏晋南北朝的动荡变局而延续不衰，直至天下一统的隋王朝始告终结。女性礼服开始"移用"男子礼服的"二部式"范式——上衣与下裳分离，而有别于"连衣裳"的传统式样。这一变革的发生既得益于隋皇大刀阔斧的鼎革旧制，又借势于北族习俗的助力推动，更与隋初政坛一位权倾朝野的鲜卑族皇后紧密相关。隋初开创的后妃礼服的"二部式"格局，成为唐宋王朝冠服制度的经典范式而无所改易。以隋为转折，中华女装始贯通上下阶层，全面进入"二部式"的崭新阶段。

全文于《故宫博物院院刊》（2021年05期）首发，本次收录略有改动。

本文系国家社科基金艺术学一般项目"宋代服饰形制文化研究"（项目编号：19BG105）和国家社科基金艺术学重大项目"中华民族服饰文化研究"（项目编号：18ZD20）的阶段性成果。

［1］黄能馥，陈娟娟.中国服饰史［M］.北京：中国旅游出版社，1995：44.

［2］缪良云.中国衣经［M］.上海：上海文化出版社，2000：47.

［3］朱和平.服饰史稿［M］.郑州：中州古籍出版社，2001：196.

［4］高春明.中国服饰［M］.上海：上海外语教育出版社，2002：37.

［5］陈寅恪.隋唐制度渊源略论稿［M］.北京：生活·读书·新知三联书店，2001：3，13.

［6］张旭华，等.宾阳中洞帝后礼佛图供养人身份考释［J］.中原文物，2012（2）.

［7］河南省文物研究所.巩县石窟寺［M］.北京：文物出版社，2012：189.

［8］陈开颖.北魏帝后礼佛仪仗规制及场景复原——以巩县第一窟为中心的考察［J］.敦煌研究，2014（5）.

［9］阎步克.服周之冕——《周礼》六冕礼制兴衰变异［M］.北京：中华书局，2009：277，281，291，317，334.

［10］程树德.九朝律考：卷八［M］.北京：中华书局，1963：440.

［11］李斌成，等.隋唐五代社会生活史［M］北京：中国社会科学出版社，1998：80.

［12］吴玉贵.中国风俗通史：隋唐五代卷［M］.上海：上海文艺出版社，2001：125.

［13］周忠强.新见唐代皇帝皇后供养石刻考［J］.历史学研究，2018（1）.

［14］高玉书，秦航.唐皇帝皇后供奉经幢构件解读［J］.收藏界，2016（3）.

［15］李馨.隋唐女性礼服研究.西安：陕西师范大学硕士学位论文，2018：39-40.

［16］沈从文.中国古代服饰研究［M］.上海：上海书店出版社，2002：314.

［17］樊英峰：李重润墓石椁线刻宫女图［J］.文博，1998（12）.

［18］王永晴，王尔阳.隋唐命妇冠饰初探——兼谈萧后冠饰各构件定名问题［J］.东南文化，2017（2）.

［19］刘玮.中华文明传真6隋唐：帝国新秩序［M］.上海：上海辞书出版社，2002：18.

［20］气贺泽保规.绚烂的世界帝国：隋唐时代［M］.石晓军，译.南宁：广西师范大学出版社，2014：32.

［21］崔瑞德.剑桥中国隋唐史［M］.中国社会科学院历史研究所，西方汉学研究课题组，译.北京：中国社会科学出版社，1990：60.

［22］王光照.隋文献独孤皇后与开皇世政治［J］.中国史研究，1998（4）.

［23］石松日奈子.龙门石窟和巩县石窟的汉服贵族供养人像——"主从形式供养人图像"的成立［J］.石窟寺研究（第一辑），2010（11）.

［24］黄能馥.中国服饰通史［M］.北京：中国纺织出版社，2007：71.

［25］周锡保.中国古代服饰史［M］.北京：中国戏剧出版社，1984：154，164-166.

韩国奎章阁藏《各样巾制》研究

徐文跃

【摘　要】韩国奎章阁韩国学研究院所藏《各样巾制》，全书以图文形式载录了明代的44种冠巾，真实反映了明末冠巾的繁复与其各自的样式。但长久以来，此书国内无存，其编者、刊者、刊地、刊年等信息均不能确定。本文据《各样巾制》所载冠巾及其样式、流行的年代，古代朝鲜冠服与明代制度的关系等，对此书的编纂及其传入朝鲜的年代做了讨论。

巾的本义是"佩巾"，乃"礼之纷帨也"，原作"拭物"之用，后来"着之于头"。巾之外，古时戴在头上的又有冠，而冠的意义似更重于巾。《礼记》卷五十八《冠义》云"凡人之所以为人者，礼义也。礼义之始，在于正容体、齐颜色、顺辞令。容体正，颜色齐，辞令顺而后礼义备。以正君臣、亲父子、和长幼，君臣正、父子亲、长幼和而后礼义立。故冠而后服备，服备而后容体正、颜色齐、辞令顺。故曰：冠者，礼之始也。是故古者圣王重冠"，又说"敬冠事所以重礼，重礼所以为国本也"[1]，把男子成年时的加冠之礼置于很高的位置。冠既如此重要，中国古代的冠服不少就因所用之冠而得名，如礼制最隆的冕服、皮弁冠服便以冕冠、皮弁得名。不过，古代的冠巾附于冠服之中，少有专书。后世虽有《汝水巾谱》《冠谱》诸书，但也很少能够引起世人的注意，更遑论海外所藏专录冠巾的图谱。本文试就韩国奎章阁韩国学研究院所藏《各样巾制》一书，对其内容稍作介绍，并对此书的编纂及传入朝鲜王朝的年代略做讨论。

一、《各样巾制》大略

韩国奎章阁韩国学研究院藏有《各样巾制》一书，入藏时归于子部谱录类，藏书号为奎贵10290。手写本，一册，高36.4厘米、宽24厘米，计有22页。封面之上以墨书题写"各様巾制"，其下并以小字注云"全"，意为全帙。封面背后钤朱文方印一枚，作"京城帝国大学图书章"，卷首首页，钤朱文方印四枚，分别为"帝室图书之章""朝鲜总督府图书之印""京城帝国大学图书章""首尔大学校图书"。本书每页彩绘冠巾的图式两幅，图的右上角则用墨书注明冠巾的名称，全书以图像的形式共记录了44种冠巾，计为三才、子昂、九华、羲之、明巾、五岳、三纲五常、阳明、凌云、乐天、子房、东坡、四明、诸葛、儒巾、青云、九思、玉坡、晋巾、宦巾、福叶冠❶、中靖、登云、梯云、玉台、隐市、两仪、覆云、鏊巾、四象、献之、唐巾、太素、太师、纯阳、松江、玉蟾、道衡、浩然、如意、鱼尾、进士、高士、幅巾❷。

本书编者、刊者、刊地、刊年均不详，可以考见最早提及此书的是《承政院日记》。《承政院日记》213册（脱草本11册）引《礼曹誊录》曰：

弘文馆启曰：儒生冠服考出事命下矣。谨考《大典》《大明会典》所馆启壮（藏）《各样巾制》《疑礼问解》《东还封事》及《漫笔》等，拈出儒服所论处，列录书上。而今日所欲仿行者，只是华制，则当以《大明会典》为主，服则用玉色襕衫，宽袖皂缘，带则用皂绦，巾则用软巾垂带矣。衫制则虽未知何样，而但我国青衫之制，如团领而宽袖不圆袂，似当依此遵行。而但古书论儒服多称方领，且直领之制亦有朱子所论，未知至大明始为团领耶？皂绦则此是《大典》所载条（绦）儿，似不可疑矣。最是软巾垂带者，不见其制，难以臆论。而《各样巾制》中所论儒巾，其面少杀，软巾之名，或出于此。而《东还封事》亦曰举人之在监者俱服儒巾云，此制似是软巾矣。至于进士巾，则中朝进士乃出身之名，不同于我国生进，而但不命以官之前，未得具袍帽而用此巾。则巾者士者之通服，非朝士冠服，此亦有可议者。且《漫笔》中所谓儒冠似是儒巾，而襕衫则实与之相符矣。儒巾襕衫之直领、团领之制，别为具图以进，敢启。传曰：令礼官禀处❸。

据此，最迟在康熙八年（朝鲜显宗十年，1669年）就已有《各样巾制》一书。《各样巾制》又见于奎章阁所藏编者未详的《书目》，是书记有"《各样巾制》壹册"❹。《书目》并录有《度支定例》，而《度支定例》为乾隆十四年（英祖二十五年，1749年）英祖下令编纂。

二、巾制略考

《各样巾制》所载各式冠巾，或因寓意，或因地名，或因传说中经常穿戴之人的名字，或因穿着之人的身份，或因崇慕的朝代，或因装饰、形状，或因布幅而得名，大抵皆为明末之人所习见习知。

三才、九华、三纲五常、九思、中靖、隐市、两仪、四象、太素，这是因寓意而得名的一类。天、地、人为三才，三才巾前面披幅分为三片，正寓三才。九华，即道教七十二福地之一的九华山，上有九峰如莲花，九华巾前面披幅分九片，后亦当有披幅九片。《客座赘语》

---

❶ 原作"方虎"二字，后以墨涂去，边上改题"福叶冠"，三字笔迹、墨色明显与原书有别。

❷ 编者未详：《各样巾制》，刊年未详手写本，韩国奎章阁韩国学研究院藏。

❸ 《承政院日记》213册（脱草本11册），康熙八年二月戊子条。据《承政院日记》编纂而成的《朝鲜显宗改修实录》卷二十，"康熙八年二月丁亥"条载"定儒生冠服以粉袍团领及常时儒巾。先是，上令弘文馆考出儒生冠服，本馆考得《大明会典》及本馆所藏《各样巾制》《疑礼问解》等书，拈出儒服所论，别录具图以进，上令礼官禀处。后于筵中，上问于宋浚吉，定以粉袍团领及常时儒巾，至入学时，该曹不能奉行，遂废阁"。《朝鲜显宗实录》卷十六，"康熙八年二月丁亥"条，与此个别文字稍异。

❹ 编者未详：《书目》，刊年未详手写本，韩国奎章阁韩国学研究院藏，奎7923，第03b页。

卷一记九华巾"前后益两版，风至则飞扬"❶。君为臣纲，父为子纲，夫为妻纲，此为三纲；仁、义、礼、智、信，此为五常。巾式前面披幅分三层，后面分五层，即寓三纲五常。"君子有九思：视思明，听思聪，色思温，貌思恭，言思忠，事思敬，疑思问，忿思难，见得思义"❷，巾式前面披幅分九片，正寓此。此巾与九华巾略似，只是后面披幅较九华巾为短。中靖当作忠静，嘉靖七年（1528年）定制，取"近焉尽忠、退焉补过"之意，故名忠静。忠静巾，又作忠静冠，"以乌纱冒之。两山俱列于后，冠顶仍方，中微起三梁，各压以金线，边以金缘之。四品以下去金，边以浅色丝线缘之"❸，"有梁随品官之大小为多寡，两旁暨后以金线屈曲为文，此卿大夫之章，非士人之服也。嘉靖初更定服色，遂有限制"❹。隐市，取意"大隐隐于市"，巾式上作网格状。阴阳为两仪，两仪巾"后垂飞叶二扇"[2]，巾式与此同。太阳、太阴、少阴、少阳为四象，巾式前垂两片，后幅亦当垂有两片，共计四片，寓为四象。太素，是道家哲学中天地开辟前出现原始物质的宇宙状态。《列子》天瑞篇谓"太素者，质之始也"[3]，班固《白虎通》卷四亦载"始起先有太初，然后有太始，形兆既成，名曰太素"[4]。巾式浑然无所装饰，正合太素之意。

　　子昂、羲之、阳明、乐天、子房、东坡、诸葛、献之、纯阳、玉蟾、道衡、浩然，这是因传说中经常穿戴这类冠巾之人的名字而得名的一类。赵孟𫖯字子昂，白居易字乐天，张良字子房，此数种冠巾均以古人之字命名。羲之即书圣王羲之，献之即王献之，玉蟾即白玉蟾，道衡即薛道衡，浩然即孟浩然，此数种均以古人之名命名。其中羲之巾又见于广东省博物馆所藏曾鲸写赵庚像，与巾式正同。浩然巾亦屡见于明末世情小说。王守仁号阳明，苏轼号东坡，吕洞宾号纯阳子，此数种均以古人之号命名。东坡巾，"巾有四墙，外有重墙，比内墙少杀，前后左右各以角相向。着之则角界在两眉间，以老坡所服故名"❺。而纯阳巾或以为乐天巾的别称，《三才图会》称纯阳巾"一名乐天巾，颇类汉、唐二巾。顶有寸帛，襞积如竹简，垂之于后。曰纯阳者，以仙名，而乐天则以人名也"❻。其制，崇祯《松江府志》卷七谓"为横折两幅前后覆之"❼，屠隆《考盘余事》又说"两傍制玉圈，右缀一玉瓶，可以簪花"❽。诸葛巾，则以古人之姓命名。《三才图会》记云"此名纶巾，诸葛武侯尝服纶巾执羽扇指挥军事，正此巾也。因其人而名之，今鲜服者"❾。

　　五岳、凌云、青云、福叶冠、登云、梯云、玉台、覆云、如意、鱼尾，这是因其装饰或形

❶　顾起元：《客座赘语》，《四库全书存目丛书》，齐鲁书社，1995年影印本，子部，第234册，第266页下栏。

❷　（魏）何晏注，（宋）邢昺疏：《宋本论语注疏》季氏第十六，商务印书馆，1929年，第23b页。

❸　申时行等修，赵用贤等纂：《大明会典》，《续修四库全书》，上海古籍出版社，2001年影印本，史部，政书类，第790册，第244页上栏。

❹　王圻辑：《三才图会》，《四库全书存目丛书》，齐鲁书社，1995年影印本，子部，第191册，第632页下栏。

❺　王圻辑：《三才图会》，第633页上栏。

❻　王圻辑：《三才图会》，第633页下栏。

❼　方岳贡修，陈继儒纂：《松江府志》，《日本藏中国罕见地方志丛刊》，书目文献出版社，1991年影印本，第185页上栏。

❽　屠隆：《考盘余事》，《四库全书存目丛书》，齐鲁书社，1995年影印本，子部，第118册，第226页下栏。

❾　王圻辑：《三才图会》，第632页下栏。

状而得名的一类。五岳巾，巾式上绘有五岳真形图❶。葛洪《抱朴子》载"又家有五岳真形图，能辟兵凶逆，人欲害之者，皆还反受其殃"[5]。巾上之五岳真形图以辟邪厌胜为主，其图式则以登封嵩山万历二年（1574 年）所立碑上五岳真形图为代表。凌云巾，"用金线或青绒线盘屈作云状者"[2]。余永麟《北窗琐语》称"迩来又有一等巾样，以绸绢为质，界以蓝线绳，似忠静巾制度，而易名曰凌云巾。虽商贩白丁亦有戴此者"❷。巾式所见，冠后列两山，确与忠静巾相似。正因如此，朝廷曾禁之。《明世宗实录》载"礼部言：近日士民，冠服诡异，制为凌云等巾，竞相驰逐，陵僭多端，有乖礼制。诏中外所司禁之"❸。青云、登云、覆云诸巾，也都饰以云纹；梯云则前后披幅分为数层，近于羲之巾。福叶冠，前后各垂叶状披幅二扇，且缘以金线。玉台巾，"方而匾者，即四方巾之制小异"[2]。如意、鱼尾两巾，因其冠上装饰近于如意、鱼尾而得名。

　　儒巾、宦巾、耋巾、太师、进士、高士，这是因穿着者的身份而得名的一类。儒巾为儒生所服，《三才图会》谓"古者士衣逢掖之衣，冠章甫之冠。此今之士冠也，凡举人未第者皆服之"❹。其制，"以黑绉纱为表，漆藤丝或麻布为里，质坚而轻，取其端重也"[6]"或竹结而裹以缁布，或糊纸为之而着漆"❺"面两折处为凤眼，侧上为云梯，后为壁立万仞"❻。儒巾又有民字巾之称，"盖形如民字故也"，明太祖以"四方平定必须民安"，乃将四方平定巾"前面按一掌作民字样，遂为儒巾""而今儒巾倒过来看隐然是一民字，其两飘带则头角未至峥嵘，羽翼未至展布，欲其柔顺下垂，不敢凌傲之意云"[7]。宦巾，或为宦者所戴。耋巾，当为高年所戴，制与东坡巾相近。太师巾，应是太师一类的显宦所用。巾式与忠静巾类似，只是梁数较多，梁及边缝均缘以金线。进士巾，"如今乌纱帽之制，顶微平，展角阔寸余，长五寸许，系以垂带，皂纱为之"❼。高士巾，顾名思义当是高士所服，巾式与福叶冠近似。

　　除了上述的几类，还有因地名、因崇慕的朝代、因布幅而得名的。四明为宁波府的别称，松江为松江府（今属上海），四明巾、松江巾或以巾帽的产地、流行地而得名。明巾、晋巾、唐巾则显然以朝代为名。唐巾，王三聘《古今事物考》记云："软绢纱为之，以带缚于后，垂于两傍，贵贱皆戴之，乃裹发软巾也"❽。其制，"四脚，二系脑后，二系领下，服牢不脱。有两带、四带之异，今则二带上系，二代向后下垂也"[2]，"前折较后，两傍少窄三四分，

❶　关于五岳真形图的研究，见曹婉如、郑锡煌：《试论道教的五岳真形图》，《自然科学史研究》1987年第1期。

❷　余永麟：《北窗琐语》，《四库全书存目丛书》，齐鲁书社，1995年影印本，子部，第240册，第411页下栏。

❸　《明世宗实录》卷二百七十五，"嘉靖二十二年六月辛丑"条。

❹　王圻辑：《三才图会》，第632页上栏。

❺　赵宪：《东环封事》，林基中主编：《燕行录全集》，韩国东国大学校出版部，2001年，第410页。

❻　姚佺辑：《诗源初集》，《四库禁毁书丛刊》，北京出版社，2000年影印本，集部，第169册，第76页上栏。赵宪所说似与姚佺有异，谓"其体端平，不甚尖斜"。

❼　申时行等修，赵用贤等纂：《大明会典》，第249页上栏。

❽　王三聘：《古今事物考》，《丛书集成新编》，新文丰出版公司，1985年，第39册，第406页上栏。

顶角少方"❶。幅巾，大体以全幅之布制作而成，故名。朱熹《朱子家礼》卷一载其裁制之法，谓"用黑缯六尺许，中屈之，右边就屈处为横帕，左边反屈之，自帕左四五寸间斜缝，向左圆曲而下，遂循左边至于两末。复反所缝余缯，使之向里，以帕当额前裹之，至两耳旁，各缀一带，广二寸、长二尺，自巾外过顶后，相结而垂之"❷。另外，还有玉坡巾一种，不详其得名之由，疑与玉台巾得名的缘由近似。

三、明末风俗与巾式

明末风俗，在冠巾、鞋履等方面表现为好古、逐新、求异，这在嘉靖以降尤甚。其时冠巾之制，式样、颜色、材质等倏忽万变，可谓眼花缭乱，风俗侈汰。这在时人的笔记中屡屡有所提及。徐咸《徐襄阳西园杂记》卷上载"嘉靖初年，士夫间有戴巾者。今虽庶民，亦戴巾矣。有唐巾、程巾、坡巾、华阳巾、和靖巾、玉台巾、诸葛巾、凌云巾、方山巾、阳明巾，制各不同。闾阎之下，大半服之，俗为一变"❸。范濂《云间据目抄》卷二记松江地方的巾帽变化，初有桥梁绒线巾、金线巾、忠靖巾，后来又出高士巾、素方巾，接着又变为唐巾、晋巾、汉巾、褊巾，万历"丙戌以来，皆用不唐不晋之巾，两边玉屏花一对，而少年貌美者加犀玉奇簪贯发"。松江土产的纱巾之外，又有马尾罗巾、高淳罗巾。巾帽式样越来越多，其装饰也越变越繁❹。李乐《见闻杂记》卷二也说"嘉靖末年以至隆、万两朝，深衣大带，忠靖、进士等冠，唯意制用，而富贵公子，衣色大类女妆，巾式诡异难状"[8]。顾起元《客座赘语》卷一记南都服饰则谓"在庆、历前犹为朴谨，官戴忠静冠、士戴方巾而已。近年以来，殊形诡制，日异月新。于是士大夫所戴，其名甚夥，有汉巾、晋巾、唐巾、诸葛巾、纯阳巾、东坡巾、阳明巾、九华巾、玉台巾、逍遥巾、纱帽巾、华阳巾、四开巾、勇巾。巾之上或缀以玉结子、玉花钿，侧缀以二大玉环。而纯阳、九华、逍遥、华阳等巾，前后益两版，风至则飞扬。齐缝皆缘以皮金，其质或以帽罗、纬罗、漆纱，纱之外又有马尾纱、龙鳞纱。其色间有用天青、天蓝者。至以马尾织为巾，又有瓦楞、单丝、双丝之异。于是首服之侈汰，至今极矣"❺。

而当时的各地方志中，也多提及包括冠巾在内的风俗的变化，可知风俗的移易不限于一时一地。嘉靖《广平府志》卷十六风俗志载"巾服渐归俭素，但制裁杂异，屡禁未革。巾有林宗、明道、东坡、玉台，鞋有云头履，衣有深衣，或二十四气，或阳明衣，或十二月，或八卦，或鹤氅。至于忠静巾之制，杂流、武弁、驿递、仓散等官皆僭之，而儒生学子羡其美

---

❶ 屠隆：《考盘余事》，第226页下栏。

❷ 朱熹撰，王燕均、王光照校点：《家礼》，《朱子全书》第7册，上海古籍出版社、安徽教育出版社，2002年，第880页。

❸ 徐咸：《徐襄阳西园杂记》，《丛书集成新编》，新文丰出版公司，1985年第88册，第70页下栏至第71页上栏。

❹ 范濂：《云间据目抄》，《笔记小说大观》，江苏广陵古籍刻印社，1983年，第13册，第110页下栏。

❺ 顾起元：《客座赘语》，第265页下栏至第266页上栏。

观，加以金云，名曰凌云巾"❶。万历《临汾县志》卷九艺文志附有邢云路《请正四礼议》一文，内称"民间亡论贫富贵贱，一岁至十余岁，皆得戴巾，乳臭仆僮袒裼赤脚携薪负米，加巾于首，则何取义也！甫弱冠者，则率皆凌云、忠静，贫者胥竭财为之矣。甚至贱艺术者流，亦得凌云、忠静，而唐、晋之巾，则视为当然。一瞽目卜人也，衣半不遮体，如鹑结，然手摇箕板，头带冠巾，盈衢迭皆然也。冠之僭滥者也，一至是"❷。崇祯《松江府志》卷七风俗述冠髻之变，曰"今士人已陋唐晋诸制，少年俱纯阳巾，为横折两幅前后覆之。为披巾，止披巾后一幅。又如将巾，以蓝线作小云朵缀其旁，复缘其所披者以蓝。为云巾，前系以玉，作小如意为玉结。制各不一"❸。崇祯《嘉兴县志》卷十五"里俗"也说"巾服器用，士子巾帻，内人笄总，特无定式。初或稍高，高不已而碍檐，已复稍低，低不已而贴额。倏尖倏浑，乍扁乍恢，为晋为唐，为东坡、为乐天、为华阳。靡然趋尚，不知谁为鼓倡而兴，又孰操绳约而一，殆同神化，莫知为之者"❹。

巾帽式样，《三才图会》记有儒巾、诸葛巾、忠靖冠、治五巾、云巾、方巾、东坡巾、唐巾、汉巾、四周巾、纯阳巾、老人巾、将巾、雷巾❺。田艺蘅《留青日札》所记则有练巾、纶巾、白纶巾、紫纶巾、白帢巾、白甋巾、桐巾、乌匼巾、小乌巾、乌角巾、角巾、折角巾、帑巾、葛巾、幅巾、阔幅巾、大幅巾、蹄养巾、珠巾、新罗巾、夹罗巾、鹿、穀皮巾、化巾、尖巾、仆射巾、华阳巾、莲花巾、燕巾、云巾、圆头巾、方头巾、平头巾、渔巾、白鹭巾、唐巾、忠义巾、高士巾、凌云巾、玉台巾、两仪巾、飞檐巾、鹈鸪巾、东坡巾、山谷巾、阳明巾、万字巾、凿子巾诸式[2]。这些巾帽，不仅见于文字的记述，还很多被绘制成图像录于各种图谱。崇祯年间朱术垌编印有《汝水巾谱》，"载古今巾式凡三十二图"。三十二种巾式计为华阳巾、岌岌冠、切云冠、羲之巾、折角巾、白纶巾、唐巾、纯阳巾、东坡巾、仙桃巾、琴尾巾、四方巾、周子巾、贝叶巾、竹叶巾、三岛蓬莱巾、泰巾、葵巾、象鼻巾、蝉腹巾、朝旭巾、方山巾、玉锁巾、三台柱石冠、悬弧巾、玉盘巾、斗印巾、育珠巾、天柱巾、悬嵓巾、如意巾、灵芝巾❻。是书所载巾式，或采古书，或征画籍，而仿为之，但叙次多舛略。清代四库馆臣将此书收录《四库全书》时就批评说"如折上巾、葛巾、幅巾，其尺幅形制皆可考见，乃略而不叙。又明制本有软巾诸色及俗尚之凌云等巾，亦俱失于登载。至贝叶巾以下十九种，则无所证据，皆术垌以意创为之耳"。虽然如四库馆臣所说《汝水巾谱》多有缺略，其所登载也未必可靠，不过却也说明了明末之人对各样冠巾的关注。天一阁所藏又有《冠图》一卷，或以为即顾孟容的《冠谱》❼。当时之人热衷编印冠巾图谱，正可见当时风

❶ 翁相修，陈棐纂：《广平府志》，《天一阁藏明代方志选刊》，上海书店出版社，1981年影印本，第026页。

❷ 邢云路修纂：《临汾县志》，傅斯年图书馆藏缩影数据，第44页，第45页。转引自巫仁恕：《品味奢华：晚明的消费社会与士大夫》，中华书局，2008年，第147页。

❸ 方岳贡修，陈继儒纂：《松江府志》，《日本藏中国罕见地方志丛刊》，书目文献出版社，1991年影印本，第185页。

❹ 汤齐修，李日华等纂：《嘉兴县志》，《日本藏中国罕见地方志丛刊》，节目文献出版社，1991年影印本，第633页。

❺ 王圻辑：《三才图会》，第629–635页。

❻ 朱术垌：《汝水巾谱》，《四库全书存目丛书》，齐鲁书社，1995年影印本，子部，第79册。

❼ 永瑢等撰：商务印书馆《四库全书总目提要（二十二）》，1939年，第89页。

气之一斑。

四、朝鲜冠服与华制

朝鲜王朝立国之初，即对明朝奉行事大主义，衣冠文物效法明朝制度。早在高丽时期，洪武二年（1369年），明太祖颁赐高丽国王、王妃冠服，同时又赐给高丽群臣陪祭冠服。洪武二十年，高丽群臣的常服制度亦遵明制，"始革胡服，依大明制。自一品至九品，皆服纱帽团领，其品带有差"❶。朝鲜取代高丽后，冠服制度多被袭用，蓝本还是明朝制度。如朝鲜国王冕服用九章，群臣冠服比中朝"递降二等"❷，都是明初钦赐高丽冠服时定下的基调。至朝鲜世宗在位期间，国王、王世子、文武官的这套冠服制度被载入《五礼》，并在成化十一年（成宗六年，1475年）编入《国朝五礼仪》刊行❸，从而成为朝鲜王朝的一代典制。朝鲜虽然紧跟明朝制度，但在实际上制度规定未详或执行不力，仍保有不少自身特色，"本朝凡事务从华制，然未尽从者多矣"❹。

朝鲜历朝都有为与明朝制度保持一致所做的努力，这在宣祖、光海君两朝尤为突出。隆庆六年（宣祖五年，1572年），"礼曹请中外男女冠服，并从华制"❺。万历二年（宣祖七年，1574年），质正官赵宪"谛视中朝文物之盛，意欲施措于东方，及其还也，草疏两章，切于时务者八条，关于根本者十六条。皆先引中朝制度，次及我朝时行之制，备论得失之故，而折衷于古义，以明当今之可行"❻。八条封事之三曰贵贱衣冠，赵宪记下了明朝的乌纱帽、圆领、儒巾、襕衫，宦者巾服等各式衣冠，并"具雁翅、儒巾、髻髻、叚子以进"，请宣祖"以此下于工曹，使其视为式样，如脑包、巾帽、衫袍、襞积之类，令久行通事详教工人，裁纸为样，广颁于八道，使其改之有渐，则衣冠之悉从华制者庶为实语矣"❼。赵宪《重峰先生文集》亦录此疏，文后且有按语，谓"冠服诸图并佚"❽，可知最初诸冠服均有附图。图样之外，朝鲜使臣回国，往往也会带回实物，作为复制的样本。赵宪出使明朝期间，曾听通事说"辽东都事之侵责于伴送者为尤甚，每于致辞之日，三大人俱以冠带、圆领、裓口、靴子�©授之曰：倜往北京，各求新好揦以来云"❾。曾于隆庆三年出使明朝的李济臣，在回国时也买回冲正冠（即忠静冠）并做了复制。李济臣记其经过云"己巳年余赴京时，序班许继儒见我所着曰：此冲正巾也，非冠也。余曰：冲正冠巾其制异乎？许曰：顶上平方、四隅有棱者是巾

---

❶ 郑麟趾撰：《高丽史》，《四库全书存目丛书》，齐鲁书社，1996年影印本，史部，第160册，第721页下栏。

❷ 《朝鲜太宗实录》卷三十一。

❸ 景泰元年（1450年）又有王世子冕服颁赐，所以《国朝五礼仪》王世子冠服易朝服为冕服。

❹ 《朝鲜成宗实录》卷二百，"成化二十三年二月戊戌"条。

❺ 《朝鲜宣祖实录》卷六，隆庆六年九月丁酉条。

❻ 《朝鲜宣祖修正实录》卷八，万历二年十一月辛未条。

❼ 《朝鲜宣祖修正实录》卷八，万历二年十一月辛未条。

❽ 赵宪：《重峰先生文集》卷三，《韩国文集丛刊》第54辑，韩国景仁文化社，1990年，第191页上栏。

❾ 赵宪：《重峰先生文集》卷三十一，第377页上栏。

也。顶上偃圆有高低，起伏如云状，仿梁冠体，而四面圆转无隅者，即冠也。余命买其冠，到本国受之帽工，使依样制造，我国有造冲正冠者始此"❶宣祖年间，士大夫们喜戴冠巾，其冠制"或程子，或朱子，或濂溪，或东坡，或冲正，或方巾，其类颇多"❷，冲正冠即李济臣所带回。

万历二十年，丰臣秀吉治下的日本侵入朝鲜，八道残破，冠服仪物，多有不备。明朝随即派兵入援，此后遂有众多的官兵入朝，见到两国冠服存在差异，甚至有明朝将官建议革改以从华制。在此背景下，朝鲜于是有厘正冠服的举措。但当时日军未退，军务方急，"复设冠带之议，屡发而屡止"❸。万历二十六年，日军退去，朝鲜国内粗定，礼曹遂又有厘正冠服之议，"以明年二月晦日为限，一齐冠带，以复平时之规，而团领用黑色，稍遵华制，允合事宜"❹，宣祖听从了此建议。次年，又命"百官冠服，东西班堂上以上及侍从、台谏、监察、六曹郎官、外官堂上守令、大小奉命之官，为先具冠带，团领用黑色，京中九月初一日，外官同月二十日定限，其余京外朝官，随所备迟速着持❺。不过终宣祖一朝，群臣冠服改定未能完成，光海君即位后续有推进。万历三十六年（光海君即位年，1608 年），陈奏使李德馨、黄慎出使明朝回国，"以贸来新书及冠服制度进"，光海君答曰"贸来书籍及各样冠服等物，足见好礼变陋之诚，当令礼官议处"❻。时隔两日，光海君下教礼曹"我国衣冠，虽曰遵仿唐制而不得其正，贻笑华人多矣。先朝每以其制度之不正为欠，欲贸各样冠服一正其谬误，而未遑矣。今陈奏使适贸来，可得追继先志，丕变陋习，深用嘉幸。前头诏使，连续出来，各样制度，仿此改造，藏在本曹，以作永久依样之式事，言于该曹"❼。而当时从明朝带回国内的"华制巾服"，既有儒生巾服，也有"百官朝服、革带、大带之制"❽。至仁祖在位期间，朝鲜国内多事，明朝覆亡，冠服改制遂失去现实的依据。

五、结论

如前所述，《各样巾制》一书所载的各样冠巾，绝大多数出现于明朝末年，且频频见于明末的文献。各种冠巾出现、流行的背后，有其深刻的社会文化背景，恰与明朝万历以来的社会发展情形相一致，而这些恐非当时的朝鲜所能具备。朝鲜冠服，虽然模仿明朝制度，但同时也存有自身的特色。正因如此，一从华制与存有旧俗之间往往多有摇摆。壬辰倭乱前后，大量明朝官兵入朝，从而推动了宣祖、光海君两朝为遵从华制而厘正冠服，并进而

❶ 李济臣：《清江先生鲶鲭琐语》，仁祖七年（1629 年）跋木版本，奎章阁韩国学研究院藏，第 18b~19a 页。

❷ 李济臣：《清江先生鲶鲭琐语》，第 19a 页。

❸ 《朝鲜宣祖实录》卷一百七，万历二十六年十二月庚午条。

❹ 《朝鲜宣祖实录》卷一百七，万历二十六年十二月庚午条。

❺ 《朝鲜宣祖实录》卷一百十六，万历二十七年八月壬寅条。

❻ 《光海君日记》卷四，万历三十六年十二月庚午条。

❼ 《光海君日记》卷四，万历三十六年十二月壬申条。

❽ 《光海君日记》卷六，万历三十七年三月己亥条。

带动了明朝冠服及其书籍的东传。《各样巾制》一书所收各式巾帽，多数未见于朝鲜，非朝鲜所能闻见，此书的编纂应完成于明朝万历年间，而其传入朝鲜的时间当在宣祖、光海君在位期间。

［1］孙希旦. 礼记集释［M］. 沈啸寰，王星贤，点校. 北京：中华书局，1989：1411-1412.

［2］田艺蘅. 留青日札［M］. 陈碧莲，点校. 上海：上海古籍出版社，1992：412.

［3］杨伯峻. 列子集释［M］. 北京：中华书局，1985：6.

［4］班固. 白虎通［M］. 北京：中华书局，1985：234.

［5］葛洪. 抱朴子内篇校释［M］. 王明，校释. 北京：中华书局，1996：337.

［6］叶梦珠. 阅世编［M］. 来新夏，点校. 上海：上海古籍出版社，1981：173.

［7］吕坤. 吕坤全集［M］. 王国轩，王秀梅，整理. 北京：中华书局，2008：920.

［8］李乐. 见闻杂记［M］. 上海：上海古籍出版社，1986：155.

浅谈《论语》"以礼服人"的儒家服饰礼仪观

高杰　干金梅

【摘　要】孔子的儒家思想体系在中国传承几千年，塑造了具有独特儒家文化的中国生活观，直到今天仍有广泛影响力。"以礼服人"的儒家服饰礼仪观，是人们的日常着装同儒家礼教文化的生动结合，承载着深厚的儒家思想。通过《论语》窥看中国传统服饰，能够更加清晰地理解儒家"以礼服人"的服饰礼仪观，也能够更好地理解我国传统服饰审美体系。

中国自古有"衣冠上国、礼仪之邦"的佳誉，《论语》作为中国传统思想体系中的核心论述，其"以礼服人"儒家服饰礼仪观，使服装外化为一种符号。服装除了具有"遮体御寒"的实用功能外，还起到"别等级、明贵贱"的道德约束作用。历代服饰文化都与当时政治、经济、文化等社会背景紧密相关，儒家服饰从根本上来说，是日常着装同儒家礼教文化的生动结合，形成"以礼服人"的儒家服饰礼仪观，承载着深厚的儒家思想。

一、儒家服饰"以礼服人"的时代背景

孔子所处的春秋战国时期被称为中国思想史的"轴心时代"，这一时代出现了重要思想突破和文化跃进。春秋战国时期周王室渐趋衰微，春秋五霸及战国七雄各自为政，拉开了分割天下的历史序幕，社会因此陷于礼崩乐坏的局面。社会思潮风云突起、百家争鸣，各方势力纷纷著书立说，宣扬自己的政治主张。在社会动荡不堪、礼崩乐坏的时代背景下，僭越礼制的行为时常发生。

孔子创立的儒家思想在春秋战国时期异军突起，成为在今天仍有广泛影响的主流思想体系之一。儒家的入世哲学不仅注重自身内在的道德修养、知识储备、文化底蕴，同时也重视外在的行为表现、言谈举止、服饰礼仪，因此这一时期服饰审美文化也得到了快速发展。孔子曰："见人不可仪不饰，不饰无貌，无貌不敬，不敬无礼，无礼不立"，因此注重自己的服饰外貌，是对他人尊敬的一种社交礼仪，而这种服饰礼仪制度正是孔子"礼"思想的外在表现。孔子在春秋礼崩乐坏时期力图维护周朝的礼仪冠服制度，遵循传统的道德观念。孔子认为：人只有坚守"克己复礼"的修养，才能达到儒家思想中"仁"的至高境界。《论语》中提到的服饰礼仪非常精细，大到形制、小到绲边，所涉及的内容——对应中国传统的道德观念，通过伦理化服饰礼仪潜移默化影响人的道德规范，将"礼"的思想深入人心。

孔子将伦理化的服饰审美与个人道德修养紧密相连，同时使得深奥枯燥的儒家哲学思想变得具体生动，充满人情味和亲切感。通过《论语》窥看中国传统服饰，能够更加清晰地理解儒家"以礼服人"的服饰礼仪观，也能够更好地理解我国传统服饰审美体系。

二、儒家服饰礼仪的文化内涵

（一）道法自然的宇宙观

中国古代信奉道法自然的朴素哲学观，日常行为受"人法地，地法天，天法道，道法自然"的宇宙法则约束，人作为宇宙的一个微小分子，其行为规范都要遵循这些法则，服饰礼仪当然也应严格遵守这些宇宙秩序观。

"天人合一、道法自然"的朴素哲学观，追求人与自然和谐统一，天、地、人三者各居其位、和谐统一的境界，是古人追求的心灵体验与宇宙融合的最高审美境界。体现在服装上可以看出，儒家传统服饰在整体造型上弱化人体，强调人处于天地之间，是一种超越形体的精神，追求"天人合一"宇宙空间感。服饰作为遮盖人体的工具，也成为用来表达敬天、顺天、法天和同天的心理诉求。

"皇帝、尧、舜垂衣裳而天下治，盖区诸乾坤"，传统服饰上衣下裳的服装形制起源于对天地的崇拜，其中，衣取自"乾"，象征天、尊、男；裳取自"坤"，象征地、卑、女[1]。古代服饰用色和形制上遵从阴阳五行观念，传统冕服制度就是一个很好的例证。周公制定的玄衣纁裳的冕冠服饰规范，上玄下纁的颜色依据天玄地纁而定，象征着未明之天及黄昏之地。随季节而变的"四时服"，如"天子春衣青衣，夏衣朱衣，秋衣白衣，冬衣元衣"[2]，也可以看出古人日常着装，追求与自然四季的协调统一，日常活动顺应自然规律，以求达到"天人合一"的至高境界。起源于图腾崇拜的十二章纹样，每一个纹样都寓意着不同的人格，这些图案是人与天地神灵对话的手段，同时表达人渴望得到天地祖先庇佑的心理，进而成为达到天人和谐的工具。

道法自然的宇宙观体现在服饰上，将外在、自然、无生命的服饰人性化，不仅为了满足人们的审美需求，更令服饰和色彩赋予人类特有的情感、道德、理想，具有内在情感与外在物品相呼应的属性。同时，服饰也起到了在潜移默化中启迪人类道德的社会属性，包含了社会伦理道德属性。

此天人合一、道法自然、天地人伦的秩序观的表达，是儒家所谓"差序格局"基本精神的表达，这种精神体现在现实社会生活中就是礼的观念与仪式的规范性。

（二）文质彬彬的君子观

《论语·雍也》中记载："质胜文则野，文胜质则史。文质彬彬，然后君子。"[3]"文"指代一个人的外在形象，是表现在服装色彩、纹饰、形制上的外在美；"质"指代一个人的内在伦理品德，是道德品行、资质、处事所凝聚的资质美。孔子认为，一个人的着装朴实大过文采，会流于粗野；反之，一个人的文采胜过朴实，又难免虚伪浮夸。

试想，一个满腹经纶的圣贤之人，穿着上邋邋拖沓，即使他仪态合乎礼仪，也会被嘲笑是个粗人，其言谈举止指会被认为是没有信服力的可笑之举；而一个人穿着上虽合乎礼仪，但内心缺乏仁爱的品质，也只是像偷穿人类衣服的猴子。在孔子看来，一个人只有内在具有良好的道德品行、仁爱之心、渊博学识，同时外在服饰上合乎礼仪、形制规整、用色讲究，做到外在形式美和内在修养美的和谐统一，才是"文质彬彬"的翩翩君子。

孔子所提出的"文质彬彬"的君子观，是对礼崩乐坏的社会背景的抨击和反抗，通过"文质彬彬，然后君子"的儒家审美追求，旨在重构春秋战国破碎的礼乐文化。通过服饰的尊卑等级制度，外化儒家礼仪规范。真正的君子，必定会选择与其身份相符合的服饰；而合于礼仪规范的服饰，又反过来促进道德的完善。"文质彬彬，然后君子"是儒家"礼""仁"的哲学思想和中庸理念在服饰上的生动体现，将"文""质"和谐统一的服饰审美观，与儒家礼教观念紧密结合。

三、《论语》中儒家服饰礼仪的剖析

孔子生活在春秋礼崩乐坏的社会背景下，一生经历丰富又波折，知识底蕴渊博，在此背景下孔子提出的"礼"和"仁"的哲学理念，成为中国传统文化的核心思想。服装是人类的特殊工具，孔子所提倡的服饰礼仪文化与社会制度及行为规范相关联，在款式、纹样、色彩、配饰等方面，都能体现孔子的意识形态和哲学价值观。儒家服饰礼仪要因情境而定，时刻体现儒家礼教文化。通过对服装风格和细节的研究来剖析儒家礼教文化影响下的服饰礼仪有其必要性。

首先，从服饰色彩来说，中国传统服饰色彩有两个截然不同、尊卑有别的色彩体系：正色和间色。正色有赤、青、白、黑、黄，是正统高贵的色彩，多用于贵族阶级、礼服和祭服。其余颜色皆为间色，而且复色越多等级越低，间色只能用来做便服、衬里，或为妇女、平民使用。色彩本是客观存在，但正色和间色却有着尊卑、贵贱、正邪、男女的象征意义，如"衣正色，裳间色，非列采不入公门"[2]以及"不以绀緅饰，红紫不以为亵服。当暑，袗絺绤，必表而出之。缁衣羔裘，素衣麑裘，黄衣狐裘……羔裘玄冠不以吊"[3]等。

中国传统的服装色彩体系之所以有正色和间色之别，是因为受到中国古典哲学阴阳五行学说的影响下，五行即"木、火、土、金、水"五种基本物质，五种物质相克相生，其中又以"土"为中央，土是一切元素的根本，因此黄色被视为最尊贵的颜色。天子着"玄冠黄裳"，应和"天玄而地黄"，体现统治阶级天授君权的尊贵和权威。此外，传统服饰色彩体系还受到宇宙、自然、政治、伦理等多种因素影响。最终，在儒家哲学思想的影响下，五色被统治者赋予尊贵权威的象征意义，用正色和间色的色彩体系规范服饰等级制度，服务于社会礼制，对社会秩序进行色彩礼制规范，最终形成了中国独特的服饰色彩文化体系。

其次，从服饰形制分析，儒服深衣是古代中国最具代表性的服饰形制，体现了以儒家思想为精髓的传统华夏文化。先秦时期儒服款式特征为：高冠、宽博大袖、方领、上下分裁、腰部连属、方履的袍式长衣。儒服领、袖、襟、裾皆以皂缘，配色用间色，以示尊卑。

儒服深衣作为儒家思想的典型服装款式，有着严格的等级制度，如"古者深衣，盖有制度，以应规、矩、绳、权、衡"[2]。深衣的整体款式诠释了"道法自然、天人合一"的儒家思想，外在形象端正大气、朴素典雅、谦和恭敬，最能体现包容含蓄的东方美。深衣是儒家精神的载体，其形制和色彩与大地崇拜联系在一起，它的形成与世俗权威也有着密切的关系。

再次，来谈谈服饰纹样。《尚书·益稷篇》载有"帝曰：予欲观古人之象，日月星辰山龙华虫作会宗彝藻火粉米黼黻絺绣，以五采彰施于五色，作服，汝明。"皇帝时便有了十二章纹样的雏形，经过历代发展成为中国最有代表性的传统纹样，影响深远。

十二章纹样，即日、月、星辰、山、龙、华虫、宗彝、藻、火、粉米、黼、黻，它们各有指代。日、月、星辰，"取其明也"；山，"取其人所仰"；龙，"取其变化"；华虫，"取其文理"，即取其五彩的外貌；宗彝，"取其忠孝"；虎，"取其严猛"，猿，"取其智"；藻，"取其洁净"；火，"取其光明"；粉米，"取其滋养"；黼，"取其割断"，即做事果断之意；黻，"取其背恶向善"[4]。

传统儒家思想，将客观的动植物、自然物和器物，赋予儒家伦理的精神，服饰纹样由一种客观存在的物，衍变为一种具有礼的规范及人的主观意识的文化符号，体现了儒家一贯主张的"道法自然、天人合一"的思想。

最后，来看看首饰和配饰。在中国传统礼教思想中，首饰除了可以装饰美之外，其材质也是决定等级的重要标准。"金、玉"较为贵重，广受贵族阶级的喜爱，"骨、角、蚌、铜"次之，因而首饰和配饰带有礼教表征意义和社会等级地位的象征作用。

面对光彩夺目的配饰，中国人独爱玉制品。儒家将"君子比德于玉"，认为"玉有十一德"，即"仁、知、义、礼、乐、忠、信、天、地、道、德"，赋予玉文化更深层次的内涵，用来形容人的美德。《礼记·玉藻》中说："古之君子必佩玉""君子无故，玉不去身，君子于玉比德焉"[2]。

在中国古代玉与绶的搭配上，有着严格的规定，不同地位和身份的人在玉和绶的搭配上有不同的规格。"天子佩白玉而玄组绶。公侯佩山玄玉而朱组绶。大夫佩水苍玉而纯组绶，士子佩瑜玉而綦组绶。士佩瓀玟而缊组绶。孔子佩象环五寸而綦组绶。"[2]中国人对玉的喜爱，形成了独特的玉文化与伦理，对人类文明起到了积极的推动作用，也留存下来许多精美的玉首饰和玉配饰。

四、结语

综上所述，《论语》体现了孔子"礼""仁"的哲学主张。孔子首先在思想上承认守"礼"的必要性，其次通过服饰色彩、形制、纹样、配饰贯彻"礼"的日常化。儒家传统服饰以

"礼"作为美和艺术的最高审美理想,在孔子眼中美从来不是宽泛无边的,而是受到礼的约束,先承认"礼"的必要性,然后注重对"仁"的探讨,"礼仁为美"是儒家中庸之道的最高审美追求。

中国古代社会注重封建礼教的伦理纲常,通过穿着配饰体现君子、妇人及忠孝等人的服饰着装,必须符合礼仪的道德规范,强调了服饰的社会功能,使儒家学说更加亲切和具体。儒家"以礼服人"的服饰礼仪观,是孔子提倡的"礼"的哲学思想的延伸和发展,其根本目的是强调"礼"的存在,建立了中国传统服饰审美体系的理论框架,形成了中国特有的服饰文化内涵。

当下,对待传统儒家礼教文化要符合时代性,在崇尚古礼的同时,应随着时代物质条件的进步,将儒家"以礼服人"的礼教文化与现代服饰元素相融合,设计出体现当代中华民族精神的儒服,做"文质彬彬"的新时代君子。

[1] 亓延,迟瑞芹.儒家礼教文化影响下的中国传统服饰研究[J].济南:济南大学学报,2013,23(5):84-87,92.

[2] 礼记[M].张树国,点注.青岛:青岛出版社,2009.

[3] 杨伯峻,杨逢彬.论语译注[M].长沙:岳麓书社,2009.

[4] 吕友仁.周礼译注[M].郑州:中州古籍出版社,2004.

敦煌莫高窟第220窟唐代供养人像服饰研究

崔岩

【摘　要】本文以敦煌莫高窟第220窟唐代供养人像作为研究对象，对初唐、中唐、晚唐时期的供养比丘和男女供养人的身份、题记进行了梳理，结合历史文献记载，对图像中表现出来的服饰款式、色彩、质地、搭配等细节进行分析。研究表明，供养比丘服饰受到印度佛教律典、汉族传统服饰和少数民族服饰习俗的三重影响；男供养人服饰在不同历史时期呈现出独特风貌，是汉族传统服饰和少数民族服饰等各种因素综合作用的结果；女供养人服饰则表现出较强的历史延续性。可见，敦煌莫高窟第220窟现存的唐代供养人像服饰集中反映了敦煌地区各民族文化碰撞交融的发展过程和历史史实。

敦煌莫高窟第220窟是创建于初唐时期的覆斗顶洞窟，后经中唐、晚唐、五代、宋、清重修，是唐代的代表窟之一。宋或西夏时，窟内壁画全被覆盖，绘以千佛。1943年，四壁之上层壁画被剥开，使初唐壁画杰作赫然重晖。因主室西壁龛檐下有"翟家窟"题记遗存，以及东壁门上有贞观十六年（642年）题记一方，所以此窟又被称为"翟家窟"或者"贞观十六年窟"。

1975年，敦煌文物研究所对此窟重层甬道壁画进行了整体搬迁，露出底层壁画，包括甬道北壁的五代后唐同光三年（925年）所绘新样文殊变一铺，翟奉达等供养人画像七身并题记一方；甬道南壁的中唐绘小龛一个，晚唐绘一佛、一比丘、供养人七身，五代翟奉达书"检家谱"题记一方，这些题记都是研究莫高窟建造历史的珍贵资料。题记及洞窟内图像信息显示，第220窟是以家庭组织方式创建开凿的"翟家窟"，翟氏一族在敦煌为官做宦，是当地非常有势力的家族，中晚唐、五代、宋时期的重修也继续由本世族成员负责，所以它是莫高窟营造史上具有标志性的家庙式洞窟，对于供养人群的家族行为研究具有重要意义。

一、第220窟概况

此窟主室西壁开龛，内彩塑一佛、二弟子、二菩萨，经清代重修，龛外两侧绘文殊变、普贤变各一铺。主室南壁绘无量寿经变，以天空、水面、地面三大空间构图表现西方极乐世界不鼓自鸣、亭台水榭、歌舞升平等种种盛景，是莫高窟最早、场面最大的净土变。主室北壁绘药师经变，主体为七身药师佛立像、胁侍菩萨等。经变下部有巨大的灯轮，两侧有四位舞者相对起舞，是敦煌壁画中著名的乐舞图之一。东壁门上绘说法图一铺，男女供养人各一身并题记一方；门两侧画维摩诘经变。维摩诘经变场面宏大，形象塑造生动逼真，其中帝王群臣像可与唐代阎立本所绘《历代帝王图》媲美，其人物造型和艺术手法如出一辙，反映了敦煌壁画在中国古代绘画史上的重要地位和历代帝王图式的流传影响。

因第220窟多次重修，所以窟中壁画分期复杂。不同时期的石窟营建者均留下了相应供养图像和题记，经前人辨认和研究，窟中所涉供养人像分别属于唐代、五代和宋代，集中表现了不同历史阶段的供养人像服饰图案的样式及变化。本文主要关注此窟中唐代所绘三组供养人像服饰。

二、第220窟初唐供养人像服饰

（一）主室西壁

第220窟主室西壁龛下有初唐供养人七身，根据底层中央初唐题字可知为"翟家窟"，列北向供养人题记为："……道公翟思□一心供养……翟□□□□供养"，列南向供养人题记为："大云寺僧道□一心供养俗姓翟氏……一心供养"。根据220窟甬道南壁五代时期翟奉达的《检家谱》可知，此窟建成于龙朔二年（662年），窟主人是乡贡明经授朝议郎行敦煌郡博士翟通。后根据《大唐伊吾郡司马上柱国浔阳翟府君修功德碑》得知，任朝议郎敦煌郡司仓参军的翟迁为翟通之子，在翟通去世后，由翟迁继续并完成第220窟的修建。史苇湘先生认为列北向第一身人物翟思远就是第220窟窟主人翟通，从壁画所绘人物首服和其所处供养队列的位置来看的确有这种可能。

虽然目前壁画中的人物形象模糊不清，但经过仔细辨认，可以看到这身名为翟思远的供养人头戴形似一朵盛开莲花的头冠（图1），身着交领上衣，体现了唐代男子服装形制的多样性。这种头冠在同窟东壁门南侧和初唐第332窟主室北壁的"维摩诘经变"各国王子听法图中曾经出现（图2），佩戴者均为成年男子，头冠为石绿色或石青色莲花状，服装为宽大的上衣下裳，领、袖、裙均装饰青色缘边，内着曲领中单，腰围蔽膝，足登高齿履。这身人物作为众多听法王子中的一员，其服装皆为正式场合时穿着，这说明这种头冠可以作为男子正装的首服。值得注意的是，莫高窟盛唐第445窟北壁弥勒经变下部"转轮七宝"中的"女宝"也佩戴着这样一顶头冠，花瓣肥硕丰满，如《轮王七宝经》中所述"女宝"为"最上色相诸分圆满妙好第一，诸世间人无有等者"，可见形似莲花的头冠作为弥勒净土世界具有象征意味的服饰冠带，具有清净美好的寓意。

更早的这类造型的头冠还出现在故宫博物院藏传东晋顾恺之所绘《列女仁智图》（宋摹本）卫国大夫蘧伯玉、鲁国大夫漆室邑、齐国和许国的使者等人物形象中，冠的侧面还伸出巾帻的一角（图3）。此外，在传东晋顾恺之所绘《女史箴图》（唐摹本）中也出现过三身戴莲花式样头冠的男子，其造型是在发髻前佩戴一顶形似莲花的片状冠，冠后为巾帻扎裹的发

图1　敦煌莫高窟第220窟西壁龛下初唐男供养人像
（图片来源：数字敦煌网站　https://www.e-dunhuang.com/）

图2　敦煌莫高窟第220窟东壁门南侧初唐维摩诘经变局部

髻，而非之前套住发髻的头冠，头冠一侧还常有一花瓣状部件伸出，周锡保先生认为这种冠是类似于皮弁的委貌冠，这个判断是十分有见地的。据《后汉书·舆服志》记载："委貌冠，皮弁冠同制，长七寸，高四寸，形似复杯，前高广，后卑锐。"《晋志》记载说："行乡射礼，则公卿委貌冠，以皂绢为之，形似复杯，与皮弁同制，长七寸，高四寸。"再结合宋代聂崇义所著《三礼图说》中依据张镒旧图所绘委貌冠来看，这种头冠有武、缨，主体呈莲花瓣状。在周代及以前，元端与深衣是除冕服之外用途最广的两种服饰。委貌冠多搭配元端服用，天子燕居和诸侯祭宗庙时可以服元端。从《列女仁智图》表现来看，委貌冠可以作为大夫、士等在正式场合的头冠，而《女史箴图》中的委貌冠分别出现在

图3　（传）东晋·顾恺之《列女仁智图》局部
（图片来源：故宫博物院网站　https://www.dpm.org.cn/Home.html）

不同的故事情节中，但多为在居室中与妻子共处的场景，这说明委貌冠也可以作为男子燕居时的头冠，在非正式场合佩戴。

委貌冠在西北地区流行的图像范例在麦积山第78窟北周至隋代的壁画残片（图4）中也可以见到。由于这块壁画早在20世纪70年代就收入麦积山石窟库房保管，因此形象清晰、色

图4　麦积山石窟第78龛壁画残片（北周至隋代）

彩鲜艳。这里可以看到火头明王右侧的第一身男供养人，头部佩戴的就是一顶蓝色呈莲花瓣状的委貌冠，画家非常清晰的描绘出了头冠拢束发髻后由头簪横穿固定的样子，式样与传为唐代阎立本所绘《历代帝王图》中隋炀帝所戴皮弁相似。其身后的男供养人所戴似为进贤冠，这是从汉代到唐代政府文职人员礼服中的重要冠式。第78窟主尊台座上还有时间更早一些的北魏时期绘制的十八身男供养人像，他们均头戴风帽、身穿袴褶、束革带、足登尖头乌皮靴，结合题记"仇池镇……□（经）生王□□供养十方诸佛时"，可知这反映了当时仇池镇氐族上层人物的风采。而壁画残片中男供养人所戴委貌冠和交领服饰均反映了魏晋南北朝时期民族融合的同时服饰也随之革新的历史。

委貌冠作为自周代以前就流传下来的汉族传统礼服制度的重要组成部分，从图像上看原本流行于汉晋时期的中原地区，后来成为北周至隋代西北地区贵族男子的正式头冠，直至出现在敦煌初唐第220窟的男供养人像上，反映了南朝衣冠礼仪制度对北方少数民族尤其是上层社会的深远影响，说明汉族文化在敦煌地域内的牢固基础和深远影响。

通过第220窟西壁龛下的题记和供养人画像，还可以得知翟氏家族内部有着浓厚的佛教信仰氛围，甚至有出家为僧者。此时的供养人群像的排列方式为僧俗同列，且僧侣在前、世俗供养人在后，世俗供养人按照辈分或官职进行前后排列，这也成为初唐之后较为普遍的供养人群像的组合形式，体现了佛教信仰在当地自上而下的流行以及世族大家对佛教传播和开窟造像的支持。因此，这身头戴委貌冠、位于队列第一位的供养人是第220窟窟主翟通的可能性极大，这也说明初唐时期的男子除了服用常见的软脚幞头、圆领袍之外，佩戴形制特异的委貌冠、身着上衣下裳也在流行正装之列。

西壁北侧力士台下另有初唐画供养人像五身，现已模糊不清。

（二）东壁门上

第220窟的初唐画供养人像还出现在主室东壁门正上方的说法图下部，图像中北侧为女供养人一身、南侧为男供养人一身，均为尺寸娇小的立像，在高大的主尊和菩萨像足下，愈发显得恭谨虔诚（图5）。中央发愿文为："弟子昭武校尉柏堡镇将……工……玄迈敬造释迦……铺□严功毕谨申诵……大师释迦如来弥勒化及……□含识众□□台尊容……福家□三空……□□有情共登净……四月十日……贞观十有六年敬造奉"，这段带有明确纪年的发愿文为判断洞窟开建时间提供了宝贵参考。发愿文南侧的男供养人头戴软脚幞头，身穿石绿色圆领袍，束带，双手合十。北侧的女供养人梳椎髻，着襦裙装，披帔帛，交领上襦和帔帛均为石绿色，领口和袖口有赭色缘边，下裙为浅土红色，手持墨线勾勒的白莲花。因为人物身形较小，画风简练，所传达的服饰信息有限，但是壁画内容显示出圆领袍配幞头、襦裙装配帔帛已经成为初唐时期西域地区最为普遍的男女常服，而这种着装方式一直流行并发展至五代时期。

图5　敦煌莫高窟第220窟东壁门上初唐说法图
（图片来源：数字敦煌网站　https://www.e-dunhuang.com/）

三、第220窟中唐供养人像服饰

中唐时期，翟氏后人又对洞窟甬道南壁进行了重绘，留下了两处中唐供养人像的画迹。一处在第220甬道南壁方口龛内西壁下部，绘有吐蕃装男供养人二身、汉装女供养人一身。另外在方口龛龛外东侧绘有两身男供养人，龛外西侧绘有一身女供养人，他们的服饰装扮为考察中唐时期供养人像服饰图案提供了颇有对比意味的案例。

（一）甬道南壁方口龛内

这是在吐蕃占据敦煌时期绘制的跪姿供养人像，其服饰明显受到吐蕃穿着习俗的影响。最典型的例子就是这个时期内所绘维摩诘经变中各国王子听法图部分，依据中原传入的赞普像粉本，由唐前期占据中心地位的汉族冕服帝王形象变为吐蕃赞普及其臣僚听法礼佛的场景，反映了吐蕃在敦煌地区的统治地位。

第220窟甬道南壁方口龛西壁绘有站立于莲座上的一佛二菩萨，中央莲座下为长方形的红底榜题框，榜题南侧为一身汉装女子，北侧为两身吐蕃装男子，身形与其上方的一佛二菩萨相比甚为娇小，但龛内壁画整体色彩艳丽，保存状况良好，因此也可以较为清晰地看到这三身供养人像的服饰特点（图6）。

图6　敦煌莫高窟第220窟甬道南壁方口龛内西壁中唐供养人像
（图片来源：敦煌研究所，敦煌研究院文物数字化研究所制作）

两身吐蕃装男供养人像呈斜向排列，胡跪在榜题框北侧。两人均戴红色朝霞冠，身穿藏袍。朝霞冠是用红艳的霞毡制作，因为色彩类似朝霞，有霞光万道、蒸蒸日上的气势，因此取其吉祥之意命名为"朝霞冠"，《新唐书·吐蕃传》中说赞普"结朝霞冒首"，说明这是吐蕃族贵贱通用的头冠样式。两人分别着褐色和浅土红色藏袍，藏袍名"求巴"，形制为大翻领、素色、左衽的长袍。两人梳辫发，内侧一人手捧柄香炉，外侧一人双手合十，虔诚供养。

南侧这身汉装女供养人像亦呈胡跪姿态，梳高髻，穿中袖长裙，双手合十。根据陈菊霞老师的研究，这身女供养人的题记为"先亡慈母清信女一心供养"。

这里的三身供养人像明显体现出男女着装在族群属性方面的不同，那么究竟是汉族男子改吐蕃装还是吐蕃女子改汉装呢？个人认为是前者的可能性比较大。首先因为第220窟是敦煌浔阳翟氏兴建的家族窟，从初唐始建，历经中唐、晚唐重修，直至后唐同光三年（925年）其后人翟奉达还对此窟进行了重修，窟内出现的供养人像应该都是翟氏族人及眷属。此外，供养人像是洞窟壁画的重要组成部分，是伴随着供当时民众或后人瞻仰礼拜的佛教造像而出现的，因此依据供养人本身的心理需求自然应该以本民族的服装或者礼服、盛装出现，才是最为合理和隆重的选择。但是吐蕃占据敦煌时期推行"胡服辫发"，强迫当地汉族人改变原有习俗，而且当时吐蕃较为倚重敦煌当地世家大族的影响力，以便更好地达到实际控制敦煌的目的，所以作为具有尊崇地位和示范作用的翟氏家族男子改变原有装束、着吐蕃装出现在壁画中，并结合此方口龛南壁西侧汉文题记"南无药师瑠（琉）璃光佛、观自在菩萨奉为圣□（神）□（赞）普；二为先亡父母"，表达了对吐蕃统治的归顺和先祖的敬意。同时，为了缓和服饰变化带来的民族心理冲突和矛盾，吐蕃统治者允许翟氏家族中的女子服饰仍保持汉装特色，作者推测吐蕃统治者允许汉族女子不改装束的原因可能还受到7~8世纪唐朝文成公主和金城公主入藏和亲对吐蕃服饰文化的影响。《新唐书》中提到文成公主入藏后，弄赞"见中国服饰之美，缩缩愧沮"，而且"自褫毡罽，袭纨绡，为华风"；待金城公主入藏时，唐中宗更是"赐锦缯别数万"。虽然吐蕃统治敦煌时期推行"胡服辫发"，但中原特有的华美丝织品仍然以自身独特的魅力吸引着统治阶层的喜爱。而在敦煌这个汉族文化根深蒂固的地方，民族间的交流和融合特别是服饰文化的双向浸染，才导致在壁画中出现了吐蕃装男供养人与汉装女供养人同时出现的场景。

（二）甬道南壁方口龛外

第220窟甬道南壁方口龛外两侧有中唐所绘供养人立像三身，因现存壁画受到中唐时期甬道重修和现代甬道上层壁画整体搬迁的影响，所以较为模糊，看不到人物的整体形象，现仅就能够显露出的服饰图案信息进行分析。

龛外东侧为两身男供养人（图7），第一身身材较大，但形象模糊，据陈菊霞老师研究该人物着吐蕃装，但沙武田老师认为这是唐装。目前就现存壁画仅可看出这身供养人上衣领部为交翻领左衽，其左手持柄香炉，右手藏于袖中，身上还斜披一件曙红色外衣。这件外衣形制不清，但从袒露右肩的披搭方式来看，很可能是一件褪去右袖的藏袍或是袈裟❶，所以这身供养人所着为吐蕃装的可能性更大。第二身供养人身形较小，是典型的吐蕃装扮，身穿红色大翻领赭色长袍，发髻尾部用发绳缠绕固定，抱面而束。他的装扮与中唐第159窟东壁门南侧维摩诘经变中吐蕃赞普听法图队列里一名手捧香炉侍者的装束非常相似，据此推断这类不戴朝霞冠、仅束发髻的人物多为身份低微的年轻侍者的装扮。

龛外西侧为一身女供养人（图8），虽然模糊，但明显穿着汉式襦裙装扮。她头束高髻，上穿红色对襟襦，绕披帔帛，束红色腰襻，下着长裙。值得注意的是，这身女供养人左侧裙腰处有个倒三角形开衩，这种裙子结构是敦煌莫高窟中唐时期女供养人服装中出现的新样式。因古代织机幅宽的限制，所织布帛门幅狭窄，一条裙子通常由多幅布帛拼合而成。例如，在湖南长沙马王堆汉墓出土的一条女裙，以四幅单层素绢拼成一片，上端缝上裙腰，左右两端延长为裙带。穿着

图7 敦煌莫高窟第220窟甬道南壁方口龛外东侧中唐男供养人像

（图片来源：数字敦煌网站 https://www.e-dunhuang.com/）

---

❶ 在袍服外加披袈裟的例子还可见晚唐第9窟甬道北壁张承奉供养像。见拙作《敦煌五代时期供养人像服饰图案及应用研究》，中国纺织出版社，2020年，第64页。但此处壁画过于模糊，未敢定论。

图 8　敦煌莫高窟第 220 窟甬道南壁方口龛外东侧中唐女供养人像

（图片来源：数字敦煌网站　https://www.e-dunhuang.com/）

图9　敦煌莫高窟第159窟西壁龛下中唐女供养人像

（图片来源：常沙娜临摹）

时由前绕后，于背后交叠，这是汉族妇女的常见裙式。如果穿着这种裙子，在其侧面不应该出现这种倒三角形开衩，因此推测这身女供养人所穿的是筒裙，或称"笼裙""'帔'裙"裙。筒裙是西南少数民族的裙式，《旧唐书·南平獠传》中记载说："妇人横布两幅，穿中而贯其首，名为'通裙'。"随着民族交流的深入，缘起于西南少数民族地区的筒裙也为隋唐五代时期的汉族妇女所接受，《新唐书·五行志》提到："（安乐）公主初出降，益州献单丝碧罗笼裙。"此外，唐诗中也多见"新绣笼裙豆蔻花""浅碧笼裙衬紫巾"这类的描写，可见这种笼裙款式在当时的流行情况。如果说这身女供养人像因为模糊不能完全确定其裙式的话，那么对比中唐第159窟西壁龛下女供养人像就非常清楚和肯定了（图9）。此窟中有四身女供养人均穿着这种左侧开衩的筒裙，开衩处均显露出内里所穿的彩色花纹半裙，纹样以散点小团花纹为主。同样的例子在中唐第144窟、晚唐第107窟的女供养人服饰中也能看到，特别是第144窟东壁门两侧的女供养人像为相向而立，可以看到人物的不同侧面，从右侧表现出来的裙子是完整的，而这个开衩仅存在于裙子左侧，也就是单侧开衩。可见在中晚唐时期，这种款式的筒裙以及左侧面开衩处不加掩饰反而强调内里半裙或衬裙的穿戴方式，在敦煌地区的贵族妇女中是非常流行的，而在前代和后代壁画中的女供养人像均不见此服装类型。这种半开放式的裙子款式和强调内里的审美习惯很可能受到吐蕃服饰的影响，是民族文化交融在敦煌地区中晚唐女供养人像服饰中的具体表现。

四、第220窟晚唐供养人像服饰

第220窟甬道南壁方口龛下有晚唐时期所绘一组供养人像（图10）。中央为一身立佛和一身供养比丘像，居中题记框内墨书曰："大中十一年六月三日信士男力一心供养，并亡母造窟一所并卢那□□（佛）。"因为这尊佛像和供养比丘像的身形较小，且仅用墨线勾勒轮廓而未施彩，与两侧的其他供养人像对比明显，因此推测这身佛像和供养比丘像是后来添绘的，至少与两侧供养人像不是一批成画，因此这里不做具体讨论。

图10　敦煌莫高窟第220窟甬道南壁方口龛下晚唐供养人像
（图片来源：数字敦煌网站　https://www.e-dunhuang.com/）

龛下题记两侧共绘七身供养人像，东侧绘供养比丘二身、男供养人二身。供养比丘题记为"亡……一心供养"，二人皆穿交领内衣、偏衫，外披袈裟，下着裙裳，穿高头履，反映了印度佛教律典与汉地服饰传统的折中和结合。偏衫是佛教传入中国后，僧人将原来印度的僧只支和覆肩衣合并，代之以汉族传统右衽长衫的一种非法衣，一般穿在袈裟里面。据宋代赞宁所撰《大宋僧史略》记载："后魏工人见僧自恣偏袒右肩，乃一施肩衣。号曰偏衫。全其两扇衿袖。失只支之体，自魏始也。"可见这是一种不同于缠裹式袈裟的裁剪式合体服装，其出现的原因在于中国传统服装对于身体遮蔽掩盖的观念特性，当然西北地区的气候温度与印度相差甚远，出于保暖的需求也是偏衫穿着流行的重要因素。在敦煌唐代壁画中可以见到弟子像和供养比丘像在袈裟内穿着偏衫，有些绘有精美的花纹，另有长袖和半袖的区别。这里的二身供养比丘像中所绘偏衫均为左衽，也从侧面说明敦煌地区少数民族聚居因而存在左衽服饰习俗影响的现象。

另外二身男供养人跟随在供养比丘之后，双手合十，后一身供养人题记为"亡弟一心供养"。他们的服饰显示了隋唐时期男子常服受到南北朝以来胡服的影响，所创制的幞头、圆领袍、革带和乌皮靴的新形式。这种服饰组合最初是为了军事上的考虑，至唐初后逐渐影响到朝服和公服。《旧唐书·舆服志》里记载："自贞观以后，非元日、冬至受朝及大祭祀，皆常服而已。"发展到五代时期，更出现了《辽史》中所说"五代颇以常服代朝服"的情况。男供养人所戴是内里加衬了巾子的硬脚幞头，宋人在《云麓漫钞》中说："自唐中叶以后，诸帝改制其垂二脚，或圆或阔，用丝弦为骨，稍翘翘矣。臣庶多效之……"可知唐代中期之后，便开始流行起这种或圆或阔的硬脚幞头了，这种风尚在西北地区也同样流行，而且第二身男供养人所戴幞头两脚向上折起，应为朝天幞头，这一现象说明幞头的样式越来越多样化，而且在当时敦煌地区的官吏与世族阶层普遍使用。第一身男供养人所穿缺胯袍是圆领袍的一种样式，是《新唐书·舆服志》中所述的"从戎缺胯之服"，在当时"庶人服之"。可见晚唐时期敦煌地区男子的服饰与当时中原总体流行趋势一致，都在向着更加便捷和实用的方向发展，由于西北地区少数民族的影响，当地男子的服饰会更加强调服饰的功能性。

龛卜西侧所绘第一身女供养人题名残存"亡……一心供养"，与另两身女供养人的服饰搭配基本相同，均梳高髻，佩簪、梳钗、花钗，上穿对襟中袖衫，束腰襦，下穿长裙，绕搭帔帛，足蹬花头履。服饰整体宽松褒博，系到胸部以上的裙腰也特别强调了人物的比例关系，反映出唐代女子的装束习惯。囿于壁画色彩的限制，目前可辨女供养人像服饰色彩以土红色、青绿色间以白色进行搭配，在对比中透露出清丽之感。虽然没有具体花纹的描绘，但是在首饰、鞋履的轮廓细节中还是能够看出花朵瓣状的植物特征。比较特别的是人物束腰的腰襦，即束腰的带子末端各缀有一个水滴形饰物，让人联想到后世流行的帔坠（图11），既有装饰意味又具有压平裙裳的效果，可谓一举两得。据载唐代武则天曾在裙子四角缀有十二铃，走路时会发出悦耳的声音，这样独具一格的佩饰如果用在腰襦上也有极大的可能。

图11　鸳鸯戏荷纹金帔坠——江苏苏州吕师孟墓出土

五、结语

综上所述，敦煌莫高窟第220窟是具有明确纪年的翟氏家族洞窟，供养人身份多样，包括比丘和世俗人士，其现存的供养人像经历初唐、中唐、晚唐三个历史时期的演变，反映出不同的服饰特点和艺术风格。其中供养比丘服饰受到印度佛教律典和汉族传统服饰的双重影响，特别是左衽偏衫的表现包含着少数民族服饰习俗的因素；男供养人服饰在每个时期均有独特风貌，包括委貌冠搭配元端、朝霞冠搭配藏袍、幞头搭配圆领袍三种不同的变化组合；

女供养人像服饰整体表现出较强的延续性，均以襦、裙、帔为固定搭配，袖裙体量向着宽松肥大的趋势发展。从第220窟现存的唐代供养人像集中体现出来的服饰面貌，有力展示和说明了敦煌地区各民族文化碰撞交融的发展过程和历史史实。

项目支持：国家社科基金艺术学重大项目"中华民族服饰文化研究"（18ZD20）；国家社科基金艺术学项目"敦煌历代服饰文化研究"（19BG102）；教育部人文社会科学研究青年基金项目"敦煌唐代供养人像服饰图案研究"（19YJC760014）；北京服装学院高水平教师队伍建设专项资金支持项目（BIFTXJ201923）。

［1］史苇湘.敦煌研究文集［M］.兰州：甘肃人民出版社，1982：155.

［2］周锡保.中国古代服饰史［M］.北京：中国戏剧出版社，1984：140.

［3］魏健鹏.敦煌壁画中吐蕃赞普像的几个问题［J］.西藏研究，2011（1）：68.

［4］陈菊霞.莫高窟第220窟甬道南壁图像考释［J］.敦煌学辑刊，2018（3）：67，69，71.

［5］沙武田.吐蕃统治时期敦煌石窟研究［M］.北京：中国社会科学出版社，2013：57.

［6］欧阳修，宋祁.新唐书［M］.北京：中华书局，1975.

［7］刘昫，等.旧唐书［M］.北京：中华书局，1975.

［8］常沙娜.中国敦煌历代服饰图案［M］.北京：轻工业出版社，2001.

［9］杜朝晖.敦煌文献名物研究［M］.北京：中华书局，2011.

［10］敦煌研究院，樊锦诗.敦煌艺术大辞典［M］.上海：上海辞书出版社，2019.

［11］敦煌研究院，谭蝉雪.敦煌石窟全集：服饰画卷［M］.香港：商务印书馆，2005.

［12］敦煌研究院.敦煌莫高窟供养人题记［M］.北京：文物出版社，1986.

［13］敦煌研究院.敦煌石窟内容总录［M］.北京：文物出版社，1996.

［14］高春明.中国服饰名物考［M］.上海：上海文化出版社，2001.

［15］孔令梅.敦煌大族与佛教［D］.兰州：兰州大学，2011.

［16］尚刚.隋唐五代工艺美术史［M］.北京：人民美术出版社，2005.

［17］孙机.中国古舆服论丛［M］.2版.上海：上海古籍出版社，2001.

［18］王惠民.敦煌佛教与石窟营建［M］.兰州：甘肃教育出版社，2010.

［19］谢静.敦煌石窟中的少数民族服饰研究［M］.兰州：甘肃教育出版社，2015.

［20］叶娇.敦煌文献服饰词研究［M］.北京：中国社会科学院出版社，2012.

［21］敦煌研究院.敦煌石窟全集：法华经画卷［M］.香港：商务印书馆，1999.

［22］麦积山石窟艺术研究所.中国石窟：天水麦积山［M］.北京：文物出版社，2013.

［23］崔岩.敦煌五代时期供养人像服饰图案及应用研究［M］.北京：中国纺织出版社，2002.

明代朝服和祭服制度的创立与演变

董进

【摘　要】明代官员的朝服和祭服制度创立于洪武初年，以形制上的"继承唐宋"宣示大明政权的正统地位。设计方案时，在明太祖朱元璋"辨贵贱、明等威"的指示下，对不同品级的服饰细节进行了严格划分，通过服饰秩序的建立来体现皇权的至高无上。嘉靖时期，明世宗更定官员服制，形成明代朝服、祭服的最终样式。官员在实际穿着的过程中，为求方便与美观，往往对服饰形制进行改动，朝廷对此的干预则日趋松弛，致使"违制"成为晚明服饰中最为典型的现象。

明王朝开国伊始，就强调要"复中国衣冠之旧"，希望通过冠服的"复古"，消除蒙元时期游牧民族习俗对中原地区的影响，重新恢复传统的汉族文化秩序。在规划服制时，官员服饰所受到的重视程度仅次于帝王后妃。明太祖曾对廷臣说："古昔帝王之治天下，必定礼制以辨贵贱、明等威……近世风俗相承，流于僭侈，闾里之民，服食居处与公卿无异，而奴仆贱隶往往肆侈于乡曲，贵贱无等，僭礼败度，此元之失政也。"❶因此"明辨等级"是明代服饰制度的重要特征，而官员服饰无疑是最能体现这一特征的重要组成部分。

按《大明会典》等官修典籍记载，明代官员服饰分为朝服、祭服、公服、常服、吉服、素服、忠静冠服等几大类，此外还有用于丧礼的丧服、征战或仪卫使用的戎服以及日常起居穿着的便服等，其中朝服和祭服是最为隆重的两款礼服。朝服用于大祀庆成、元旦、冬至、圣节等重大朝会和颁诏、颁历、册封、传制、进表、传胪、拜牌、领诰敕等场合，祭服是皇帝亲祀郊庙社稷，官员陪祭、监礼时所穿。朝服出现于汉代，经历代传承，至唐宋基本定型，祭服则是金元时期因群臣已不用冕服，而将朝服上衣变易颜色后设计出的新款。明代的朝、祭之服大体继承前代形制，但对细节做了若干调整，从而形成了具有自身特色的样式。

一、洪武定制

洪武元年（1368 年）十一月，明太祖朱元璋下诏"定乘舆以下冠服之制"，礼官及儒臣梳理了历代朝服、祭服制度，在宋制的基础上进行了更为细致的划分，拟订：

---

❶ 《明太祖实录》卷五十五，洪武三年八月四日。

"朝服用赤罗衣、白纱中单，俱用皂饰领缘，裳与衣同皂缘，蔽膝同裳色。大带用赤白二色，革带，佩，绶，白袜，黑履。梁冠一品、公侯、三师及左右丞相、左右大都督、左右御史大夫冠八梁❶，国公加笼巾貂蝉，从一品平章、同知、都督七梁，其带用玉钩𧥄，锦绶上用绿、黄、赤、紫四色丝织成云凤花样，下结青丝网，小绶用玉环二；二品冠六梁，革带用犀钩𧥄，小绶用犀环，绶同一品；从二品冠五梁，革带用金钩𧥄，锦绶用黄、绿、赤、紫四色丝织成云鹤化样，小绶用金环二；三品冠四梁，革带、绶环俱同；四品五品冠三梁，革带用镀金钩𧥄，锦绶用黄、绿、紫、赤四色丝织成盘雕花样，小绶银镀金环二；六品七品冠二梁，革带用银钩𧥄，锦绶用黄、绿、赤三色丝织成练鹊花样，小绶用银环二；八品九品冠一梁，革带用铜钩𧥄，锦绶用黄、绿二色丝织成鸂𪆽花样，小绶二用铜环二。其笏五品以上用象（牙），九品以上用槐木。其陪祀祭服，制与朝服同，惟衣色用青，加方心曲领。"❷

明太祖对该方案提出了修改意见："卿等所拟，殊合朕意，但公爵最尊，而朝、祭冠服无异侯伯以下，于礼未安，今公冠宜八梁，侯及左右丞相、左右大都督、左右御史大夫七梁，俱加笼巾貂蝉，余从所议。"❸不久又令将朝服的衣、裳、中单缘边改为青色，而祭服缘边仍用皂色。

洪武二年（1369年）八月，明太祖下令将所议诸礼编纂成礼书，以定一代之典。次年九月，礼书告成，太祖特赐书名为《大明集礼》（以下简称《集礼》），下诏颁行，但并未刊印。直到明世宗嘉靖八年（1529年），礼部尚书李时等奏请刊布，才将此书付梓，由世宗亲制序文。嘉靖刊本《集礼》所载"群臣冠服"的朝服、祭服，与洪武元年制度有较大不同，主要是一品二品官员的服饰不再按正、从来区分，各品级对应的冠梁数量和锦绶花样等也相应调整，具体内容见表1❹：

表1 嘉靖刊本《大明集礼》之朝服、祭服形制

品级	梁冠	衣	裳、蔽膝	中单	革带	大带	锦绶	笏	袜、履
一品	七梁冠（公并左右丞相、左右大都督、左右御史大夫、功臣一品皆加笼巾貂蝉）	朝服：衣赤色（皂领饰缘）❺ 祭服：衣青色（皂领饰缘）	朝服：赤罗裳（皂缘）❻、赤罗蔽膝 祭服：赤罗裳（皂缘）、赤罗蔽膝	朝服：白纱中单（皂领饰缘）❼ 祭服：白纱中单（皂领饰缘）	玉钩𧥄	白赤二色	用绿、黄、赤、紫四色丝织成云凤四色花样，青丝网，小绶二，用玉环二	象牙	白袜、黑履

❶ 此处"八梁"与下文"上览之曰……今公冠宜八梁"抵牾，应系原文抄录有误，非礼官初拟方案。

❷ 《明太祖实录》卷三十六下，洪武元年十一月二十七日。

❸ 《明太祖实录》卷三十六下，洪武元年十一月二十七日。

❹ 《大明集礼》卷三十九"（国朝）群臣服制"。

❺ 实际执行时采用明太祖修改的青缘。

❻ 实际执行时采用青缘。

❼ 实际执行时采用青缘。

品级	梁冠	衣	裳、蔽膝	中单	革带	大带	锦绶	笏	袜、履
二品	六梁冠				犀钩䚢		同一品，小绶二，犀环二		
三品	五梁冠				金钩䚢		用绿、黄、赤、紫四色织成云鹤花样，青丝网，小绶二，金环二	象牙	
四品	四梁冠				金钩䚢		同三品		
五品	三梁冠	朝服：衣赤色（皂领饰缘）祭服：衣青色（皂领饰缘）	朝服：赤罗裳（皂缘）、赤罗蔽膝 祭服：赤罗裳（皂缘）、赤罗蔽膝	朝服：白纱中单（皂领饰缘）祭服：白纱中单（皂领饰缘）	镀金钩䚢	白赤二色	用绿、黄、赤、紫四色织成盘雕花样，青丝网，小绶二，银环二		白袜、黑履
六品七品	二梁冠				银钩䚢		用绿、黄、赤三色丝织成练鹊花样，青丝网，小绶二，银环二	槐木	
八品九品	一梁冠				铜钩䚢		用黄、绿二色，织成鸂鶒花样，青丝网，小绶二，用铜环二		

　　《大明集礼》没有提到制度调整的时间，查《明太祖实录》，洪武三年二月，太祖曾命省部官员会同太史令刘基"参考历代朝服、公服之制，仍命制公服、朝服以赐百官"[1]。显然此次考察历代朝服公服的目的，就是为了在洪武元年制度的基础上对官员服饰做进一步完善，并按照新定方案统一制作了公服、朝服，颁赐百官进行更换。

　　之后，在洪武二十年（1387年）颁行的《礼仪定式·官员冠带》中，又再次细化了公侯伯的冠饰："公冠八梁，加笼巾貂蝉，立笔五折，四柱，香草五段，前后用玉为蝉；侯冠七梁，加笼巾貂蝉，立笔四折，四柱，香草四段，前后用金为蝉；伯冠七梁，加貂蝉笼巾，立笔二折，四柱，香草二段，前后用玳瑁为蝉。俱左插雉尾，驸马冠与侯同，不用雉尾。"[2]

　　品官的冠梁数量仍与《集礼》所定相同，但提到风宪官要在梁冠上加装獬豸。革带所用带銙材质也有变化：公侯伯一品用玉带、二品用犀带、三品用钑花金带、四品用素金带、五品用钑花银带、六品七品用素银带、八品九品用乌角带。必须严格按照品级使用，不得僭

❶《明太祖实录》卷四十九，洪武三年二月二十九日。

❷《礼仪定式》，载张卤等编《皇明制书》卷八。

越，也不能使用玳瑁、玛瑙等非品级象征的材质。同时还规定，文武百官及军民人等，服饰上不允许织绣龙凤纹样，制度中一、二品官员锦绶用云凤花样的内容很可能在此时作了修订。

洪武二十二年（1389 年）七月，明太祖以朝服锦绶民间不能制作，命工部织成后颁赐给文武官员，但只有文官五品以上、武官三品以上获赐，并强调锦绶上"俱不用云龙凤文"❶。

洪武二十四年（1391 年）六月，太祖又下诏"更定冠服居室器用制度"，对洪武元年以来所制定的服饰制度做了大规模的修改，明前期文武官员的朝服、祭服形制至此得以确立。改定后的朝服、祭服方案见表2❷：

表2　洪武二十四年定朝服、祭服形制

品级	梁冠	笼巾貂蝉	衣	裳、蔽膝	中单	革带	大带	玉佩	绶	笏	袜、履
公	八梁	立笔五折，四柱，香草五段，前后用玉为蝉，左插雉尾				玉		玉	绿、黄赤、紫四色云鹤花锦，玉环二		
侯、驸马	七梁	立笔四折，四柱，香草四段，前后用金为蝉，左插雉尾（驸马不用雉尾）	朝服：赤罗衣（青饰领缘）祭服：青罗为衣（皂领缘）	朝服：赤罗裳（青缘）、蔽膝同裳色 祭服：赤罗裳（皂缘）	朝服：白纱中单（青饰领缘）祭服：白纱中单（皂领缘）	玉	赤白二色绢	玉	同上	象牙	白袜、黑履
伯	七梁	立笔二折，四柱，香草二段，前后用玳瑁为蝉，左插雉尾				玉		玉	同上		
一品	七梁					玉		玉	同上		
二品	六梁					犀		玉	绶同一品，犀环二		

❶《明太祖实录》卷一百九十六，洪武二十二年七月十六日。

❷《明太祖实录》卷二百九，洪武二十四年六月四日。

续表

品级	梁冠	笼巾貂蝉	衣	裳、蔽膝	中单	革带	大带	玉佩	绶	笏	袜、履
三品	五梁					金		玉	黄、绿、赤、紫四色锦鸡花锦，金坏二	象牙	
四品	四梁					金		药玉	同上		
五品	三梁		朝服：赤罗衣（青饰领缘）祭服：青罗为衣（皂领缘）	朝服：赤罗裳（青缘）、蔽膝同裳色 祭服：赤罗裳（皂缘）	朝服：白纱中单（青饰领缘）祭服：白纱中单（皂领缘）	银钑花	赤白二色绢	药玉	黄、绿、赤、紫四色盘雕花锦，银镀金环二		白袜、黑履
六品、七品	二梁（御史加獬豸）					银		药玉	黄、绿、赤三色练鹊花锦，银环二	槐木	
八品、九品	一梁					乌角		药玉	黄、绿二色鸂鶒花锦，铜环二		

另外，文武官员穿祭服时，还需佩戴白色的"方心曲领"，样式亦仿自宋制，穿朝服则不用。

明前期的朝、祭服尚未发现完整实物，不过在一些写实的明人绘画中，描绘了官员的朝服形象，如美国国立亚洲艺术博物馆所藏明景泰昌平侯杨洪画像，头戴七梁冠，底色为黑色，有金色纹饰，前后缀金蝉，冠上加貂蝉笼巾，顶部饰红绒球状立笔，立笔杆有四道弯折，笼巾左侧插雉羽一根。身穿赤罗衣，长度至足，完全掩盖下裳，前方有蔽膝，腰束赤白二色大带，两侧垂玉佩，足穿黑色云头履（图1）。中国国家博物馆藏《丛兰事迹图册》❶里有丛兰任户科给事中时身着朝服的画面，丛兰头戴二梁冠，冠上的金色纹饰已明显增多，赤罗衣长度过膝，露出下裳底边，大带在腰部系结，垂绅

图1 明景泰昌平侯杨洪像（美国国立亚洲艺术博物馆藏）

---

❶ 该图册原定名为《王琼事迹图》，李小波、宋上上在《中国国家博物馆藏〈王琼事迹图册〉像主的再考察》（《中国国家博物馆馆刊》2020年第12期）一文中考证像主当为丛兰（1456—1523年）。

较长，下有蔽膝，革带则虚束于腰间，两侧挂药玉佩，身后露出大绶，绿地，底部有青丝网，足穿黑履，手持槐木笏（图2）。将两幅画对比可以发现，不同时期的朝服虽然都按照制度规定来制作，但细节上还是会出现或多或少的变化。

二、嘉靖改制

由于朝、祭服组件太多，穿戴烦琐，使用频率又很低，部分官员想出了一些"偷懒"的做法，如将大带直接缝到蔽膝上，不再束腰系结；绶环原本要用金玉等材质来制作，后来只在锦绶上织出两个环形图案；不同品级的锦绶花样也不遵照制度，而是任意装饰，只取华美；玉佩材质也十分混乱，甚至铜铁杂用。最后导致朝会祭祀时，百官的衣裳佩饰，形制殊异，大失观瞻。

图2　明《丛兰事迹图册》之户科给事局部
（国家博物馆藏）

明世宗看到这种情况大为不满，于是在嘉靖八年（1529年）十二月，重新改定官员朝、祭服制度，并制成图式，命礼部"摹板绘采（彩），颁行中外"❶。这次修改的幅度非常大，除了梁冠、中单、袜履等，衣裳和佩饰的诸多细节均有变动，如上衣长度被缩短，只允许"其长过腰指寸七寸"❷，下裳用七幅拼缝而成，前三幅后四幅，每幅作三襞积。蔽膝上端缀钩，挂在革带前部，革带紧束于腰，后部不缀带铐，用以系绶，左右悬挂玉佩（图3、图4）。绶的图案按照官员"品级花样"织造，这里的"品级花样"是指文武官常服圆领使用的胸背花样，即公侯驸马伯用麒麟、白泽；文官一品仙鹤，二品锦鸡，三品孔雀，四品云雁，五品白鹇，六品鹭鸶，七品鸂鶒，八品黄鹂，九品鹌鹑，杂职官练鹊；武官一品二品狮子，三品四品虎豹，五品熊罴，六品七品彪，八品犀牛，九品海马；风宪官则用獬豸。绶环仍用玉、犀、金、银、铜制作，不得以织出的图案代替。玉佩参考古制，去掉玉滴等组件，仍是三品及以上用玉，四品及以下用药玉。大带不再使用赤白二色，改为表里俱素（白色），两耳及垂绅饰绿色缘边，另外再系一条青组（青色丝绦）。改定后的朝服形制见表3：

---

❶ 《明世宗实录》卷一百八，嘉靖八年十二月十五日。

❷ 《（万历）大明会典》卷六十一，《冠服二·文武官冠服·朝服》。指寸是以穿着者本人手指的一定部位作为长度单位。

表3　嘉靖八年定品官朝服形制

品级	梁冠	衣	裳	中单	蔽膝	革带	大带	玉佩	绶	笏	袜、履
一品	七梁					玉		玉			
二品	六梁					犀		玉			
三品	五梁	赤罗制作，青缘（其长过腰指寸七寸，毋掩下裳）	赤罗制作，青缘，七幅（前三后四，每幅三襞积）	白纱制作，青缘	缀于革带	金（钑花）	表里俱素，两耳及下垂缘以绿色，用青组约之	玉	照品级花样，环用玉犀金银铜	象牙	白袜、黑履
四品	四梁					金		药玉			
五品	三梁					银钑花		药玉			
六品 七品	二梁（御史加獬豸）					银		药玉		槐木	
八品 九品	一梁					乌角		药玉			

祭服上衣的长度和下裳的形制均与朝服相同，而方心曲领被明世宗认为是始自隋代，不宜沿袭，于是革去不用。

图3　《（万历）大明会典》文武官朝服之"蔽膝图"

图4　《（万历）大明会典》文武官朝服之"绶图"

另据王世懋《窥天外乘》与沈德符《万历野获编》记载，嘉靖初年，明世宗某次升殿，担任捧宝官的尚宝司卿谢敏行照惯例接近皇帝，因迈步使玉佩摆动，突然和明世宗的玉佩纠缠到一起，无法松脱，随侍的内官上前帮忙才将二人玉佩解开。为了避免再次出现类似事故，明世宗下诏要求所有官员都制作"佩袋"，穿朝、祭服时将玉佩套在袋内。佩袋用红纱制成，玉佩装入后无法摆动，收纳及悬系时确实方便不少，不过朝会中就再也听不到玉佩组件碰撞所发出的"清越之音"了❶。

明代史料里没有提到"玉佩事件"和明世宗增设佩袋的具体时间，但从谢敏行于嘉靖二十七年（1548 年）任尚宝司卿、嘉靖三十九年升太常寺少卿的履历来看，应该是嘉靖中期以后的事，并非《万历野获编》说的"嘉靖初年"。

嘉靖改制后，官员的朝、祭服基本都遵照明世宗规定的样式来制作，不过在实际穿着时，仍然存在追求简单方便而违反制度的现象。如平阴县博物馆藏记录于慎行生平事迹的《东阁衣冠画册》所绘朝服❷，玉佩没有套红纱佩袋，大带和青组完全去掉了围腰部分，只留下垂绅与两截丝绦，缝在蔽膝上端（图 5）。故宫博物院藏万历时期《徐显卿宦迹图册》中的官员朝服，都未表现红纱佩袋，革带后部则缀有带銙，与常服革带无异，并没有用来系挂锦绶（图 6）。这些画册表现的场景都在宫中，说明朝廷对官员朝服出现的违制问题大都采取听之任之的态度。

图 5　东阁衣冠画册中穿朝服的于慎行　　　　图 6　徐显卿宦迹图册中的朝服
　　　　（平阴县博物馆藏）　　　　　　　　　　　　（故宫博物院藏）

---

❶　沈德符：《万历野获编》卷十三，《礼部》，中华书局 1959 年版，第 348 页。

❷　于慎行（1545—1607），明穆宗隆庆二年（1568 年）进士，神宗万历三十五年（1607 年）卒。

三、晚明演变

山东曲阜孔府曾保存了一套明后期的衍圣公朝服，是目前已知唯一的明代朝服传世实物，其中梁冠、上衣、下裳、中单、袜履、牙笏等收藏于山东博物馆，玉佩和另一件朝服上衣、中单则藏于孔子博物馆。

孔府梁冠主要由冠额、冠耳和冠顶三个部分组成，通体呈金色，装饰凤纹、宝相花纹等，冠顶为黑色漆纱质地，现存五道皮质冠梁❶。梁冠上原有的冠缨和簪已缺失无存，但整体形制与制度规定相符（图7）。

山东博物馆藏孔府朝服上衣身长116厘米，下裳身长91.4厘米，均为红纱质地，饰青纱缘边。上衣的长度明显超过嘉靖八年规定的"过腰指寸七寸"，穿上身后，底边已接近下裳的缘边。下裳也不是前三幅后四幅、每幅三襞积，而是做成了马面裙的样式（图8、图9）。

孔府的朝服履为绿镶边大红云头鞋，非制度之黑履（图10）。晚明士人男子无论老少皆爱穿红鞋，是当时颇有代表性的流行现象。崇祯《松江府志》记载："旧制民间多用布履。有镶履，为二镶三镶之制，色用青蓝或红绿为朝鞋。今履用纯红，及各色镶者少用。"各式大红鞋中最受人们看重的是模仿朝履的红色云头鞋，最初只是用在便服里作为炫耀，后来官员直接用它代替原本的黑履，相沿成习，几乎成为定则。

孔子博物馆藏孔府玉佩，两组成对，每组玉佩由玉珩一件、瑀一件、琚二件、玉花一件、冲牙一件、玉璜和玉滴各二件组成，玉件之间由五条玉珠串相连，珩、瑀、琚、玉花、冲牙上浅刻龙纹或云纹并描金。这种

图7　孔府梁冠（山东博物馆藏）

图8　孔府朝服上衣（山东博物馆藏）

图9　孔府朝服下裳（山东博物馆藏）

图10　孔府云头履（山东博物馆藏）

---

❶　从老照片等资料分析，原本的冠梁数量应在六梁以上。

形制的玉佩本为帝王使用❶，官员不敢擅自制作，故而极有可能是来自朝廷的赏赐。两组玉佩均缝钉在橘红色罗地双层织物上，从外观来看，该织物应是"佩袋"，但并没有做成可盛放玉佩的袋子，而是像帝王玉佩附着的小绶一样衬在玉佩背面，这样既保留了"佩袋"，又使冲牙与玉璜等能随着身体活动而碰触发声，是一种折中的设计（图11、图12）。

图11 《（万历）大明会典》文武官朝服之"珮玉图"

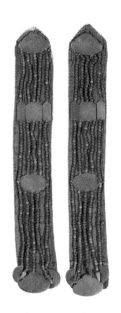

图12 孔府玉佩（山东博物馆藏）

明后期的祭服也出现了一些变化，《东阁衣冠画册》里于慎行的祭服上衣改为皂色（黑色），饰青色缘边，与制度所定颜色刚好对调，下裳红色，亦用青缘边，只有袖口露出的中单袖缘是皂色（图13）。孔子博物馆收藏了两件孔府祭服上衣，衣身都为黑色，领、襟、袖施青缘边，正与画中情形相同（图14）。究其原因，大概是祭服使用的场合太少，改用"皂衣青缘"后，可直接与朝服的赤罗裳搭配，无须另外制作祭服下裳。《阙里志》记载天启四年（1624年）太常寺等造送衍圣公及四氏博士祭服各一套，下裳均称作"朝裙"，可见变更祭服上衣颜色的做法得到了朝廷的认可，甚至官方制作的祭服都照此施行。

图13 东阁衣冠画册中穿祭服的于慎行（平阴县博物馆藏）

❶ 《（万历）大明会典》卷六十，《冠服一·皇帝冕服·衮冕》："玉佩二，各用玉珩一，瑀一，琚二，冲牙一，璜二，瑀下有玉花，玉花下又垂二玉滴。琚饰云龙文，描金。自珩而下，系组五，贯以玉珠。行则冲牙、二滴与璜相触有声。"

图14　孔府祭服上衣（孔子博物馆藏）

四、结语

官僚体制是维护皇权运行的核心基础，官员服饰则是统治秩序最为直观的体现。洪武时期颁行的朝、祭服方案，采用唐宋制度为模板，以显示大明王朝"奉天逐胡、复先王之旧"的正统地位，但在服饰细节的分等上，通过多次调整，强化了品官间的尊卑上下之别，充分反映出专制主义集权思想对服饰制度的影响。嘉靖初年，在"大礼议"之争发生后，明世宗希望用改革礼乐的方式来树立自身的权威，他的服制革新，往往出于个人意志，并没有真正考虑服饰形制的传承与使用功能的需求，因而新的制度在执行时，很快就出现各种违制的情况。到明代后期，社会风气日趋侈靡，男女服饰不断追求"新"与"异"，即使是严肃的礼服，也难免受到流行审美的影响，导致朝、祭服形制发生了非常大的变化。晚明朝廷对这些问题没有过多干预，反而采取了默许的态度，使得"僭礼坏乐"的现象越演越烈，明代的服饰制度也就不可避免地走向颓坏。

［1］陈镐.阙里志［M］.济南：山东友谊书社，1989.

［2］沈德符.万历野获编［M］.北京：中华书局，1959.

［3］杨新.故宫博物院藏文物珍品大系：明清肖像画［M］.上海：上海科学技术出版社，2008.

［4］山东博物馆，孔子博物馆.衣冠大成：明代服饰文化展［M］.济南：山东美术出版社，2020.

［5］李小波，宋上上.中国国家博物馆藏《王琼事迹图册》像主的再考察［J］.中国国家博物馆馆刊，2020（12）.

下篇 色彩篇

清代宫廷服饰的色彩及意义

王业宏

【摘 要】清代宫廷服饰包括用于五礼的冠服和日常生活的服饰。在厘清清代宫廷服饰的种类、等级的基础上，开展对清代宫廷服饰色彩规范及禁忌的研究十分必要。

清代宫廷服饰包括用于五礼的冠服和日常生活的服饰。在等级森严的制度中，色彩是非常重要的内容。厘清色彩规范，可对宫廷服饰的等级关系和使用规范有一定的理解。

一、清代宫廷服饰的种类

用于五礼的冠服主要有礼服、吉服、行服、常服、雨服五类；日常生活服饰统称便服。这里主要讨论衣服，不包括除冠、腰带、靴、朝珠等配饰。制度中记载的服装主要包括表衣❶的名称、款式、色彩和纹样。

（一）礼仪服装

礼服即朝、祭之服，适用于吉礼、嘉礼的一些场合，清代只有皇帝才有祭服，其他人是朝祭合一。礼服包括男性的衮服、端罩、补褂、朝袍和女性的朝褂、朝袍、朝裙。

吉服是次于礼服的礼仪服饰，适用于某些吉礼、嘉礼和军礼的场合。吉服包括金龙褂、吉服褂、补褂，龙袍、蟒袍。吉服褂和礼服褂有时是通用的。

常服也具备礼仪性质，适用于一些祭祀和日常政务活动，如一些小的祭祀活动是常服褂与吉服袍搭配使用。常服包括常服褂、常服袍，女性服饰一般不提此类。

行服是以功能性为主的礼仪服饰，适用于巡幸、狩猎、出征等与骑马有关的外出活动。行服包括行服褂、行服袍。

雨服即指雨天穿的服饰，一般只有上衣。

（二）便服

便服是日常生活中常穿的便装，在形制与上述服饰有区别，色彩、纹样约束性小，属清

---

❶ 表衣指最外一层的衣服。

代服饰中最有时代特点和民族特色的一类服装，极具代表性，对民间乃至近现代影响很大。

以上可见，清代服饰是袍、褂搭配穿着的，与其他朝代服饰形制有着最根本的区别，这是在满族❶统治时期所形成的历史特点，并且袍、褂的色彩和纹样有各自的规范。

二、清代宫廷服饰的等级

清代宫廷服饰的等级体现了清代身份的等级观念，这在乾隆时期颁布的《皇朝礼器图式》[1]中可见一斑。冠服卷中身份的排列次序如下：

（一）皇帝、皇子、王公

《皇朝礼器图式》卷四（冠服一）：皇帝、皇太子、皇子、亲王、世子、郡王、贝勒、贝子、固伦额附、镇国公、辅国公、和硕额附。

（二）民爵、将军、官员

《皇朝礼器图式》卷五（冠服二）：民公、侯、伯；文一品、武一品、镇国将军、郡主额附、子；文二品、武二品、辅国将军、男；文三品、武三品、奉国将军、郡君额附、一等侍卫；文四品、武四品、奉恩将军、县君额附、二等侍卫；文五品、武五品、乡君额附、三等侍卫；文六品、武六品、蓝翎侍卫；文七品、武七品；文八品、武八品；文九品、武九品；未入流、进士、举人、贡生、监生、生员；祭祀文舞生、祭祀武舞生、祭祀执事人、乐部乐生、卤簿舆士、卤簿护军、卤簿校尉、从耕农官；雨服。

（三）后妃、公主、王公女眷

《皇朝礼器图式》卷六（冠服三）：皇太后、皇后、皇贵妃、贵妃、妃、嫔；皇太子妃、皇子福晋、亲王福晋、世子福晋、郡王福晋、贝勒夫人、贝子夫人、镇国公夫人、辅国公夫人；固伦公主、和硕公主、郡主、县主、郡君、县君、镇国公女乡君、辅国公女乡君。

（四）命妇

《皇朝礼器图式》卷七（冠服四）：民公夫人、侯夫人、伯夫人、一品命妇、镇国将军夫人、子夫人；二品命妇、辅国将军夫人、男夫人；三品命妇、奉国将军夫人；四品命妇、奉恩将军夫人；五品至七品命妇。

从等级上看，皇帝独尊，皇太子、皇子、亲王至辅国公、后妃、公主及额附、民公、侯、伯为超品，其余各按品级。服饰的等级制度主要体现在冠顶、腰带，以及服装的颜色、纹样、材质、结构等方面。而往往从冠顶、纹样、色彩上便可辨识出身份等级。

---

❶ 满族本为女真族，皇太极统治的崇德时期改为"满洲"，即后来的满族。文中提及统称为满族。

三、清代服饰制度的色彩规范

如前文所述，清代的服装形式简单，为袍褂搭配，其色彩和纹样的设计各成系统，下面从褂、袍两个方面展开论述。

（一）褂的颜色规定

满族在入关之初，没有完备的服饰制度体系，但袍褂搭配的穿法是其传统。褂的面料起初以"毛青布"和毛皮为主。根据《天工开物》记载："毛青乃出近代，其法取松江美布，染成深青"，由此可知，满族人的传统的布褂多为深蓝色。另外，通过明朝的赏赐和与朝鲜的贸易，满族人获得了一些丝绸匹料和服饰，使上层统治者可以"着华服"。从史料上看，"华服"的面料多为"蟒缎"❶，也有提及云纹等其他纹样装饰的丝绸，这些纹样都是明代宫廷服饰常用或流行的纹样。

顺治时期，袍褂采用同一种面料，满地装饰纹样、风格华丽[2]，甚至给人一种眼花缭乱的感觉。具有明末装饰风格的五彩龙纹褂是这一时期的特色，如图1所示。这种褂的用途目前还不明确，有图像资料显示与龙（蟒）袍搭配，可能是作为吉服使用，而乾隆以前，服饰制度尚未完善，也没有明确的吉服的称呼。

图1　顺治时期褂料

随着服饰制度的完善，褂的颜色也逐渐固定下来。虽然未见康熙朝服饰制度对褂的颜色规定，但从博物馆尤其是位于北京的故宫博物院的藏品来看，康熙朝的褂主要为青、蓝色。乾隆朝《大清会典》中对于褂的颜色有了明确的规定，礼服褂、吉服褂使用青色❷：皇帝"衮

---

❶　《满文老档》中多处记载了"蟒缎"面料，提及率非常高。

❷　　也存在一些特殊情况，如祭日会使用黑色，如元青。

服色用青"，皇后礼服、吉服"表衣色用青"，官员补服均用青色等❶。男性常服褂、行服褂以单色无纹样为主，这可从《康熙南巡图》《乾隆南巡图》等清代大型历史画卷中得到证实。这个制度一直延续到清末，以青色为正式服色成为习俗，影响深远。从审美角度看，素色的褂配素色或花色的袍，色彩搭配比花袍配花褂更具美感。

端罩是满族人服饰传统中重要的一类，一般为毛朝外的长褂❷。《会典》中除了对毛皮种类的使用有规定外，对挂里的颜色也有严格规定：皇帝、皇太后、皇后、皇贵妃用明黄；皇太子、太子妃、贵妃、妃用杏黄；皇子、皇子福晋、嫔用金黄；其他宗室以上、一等和三等侍卫用月白；民公以下用蓝，二等侍卫用红色。可见黄色系用于皇帝后妃，蓝色系广泛使用，至于二等侍卫用红色，是因为二等侍卫的端罩是红豹皮，为了色彩搭配。

（二）朝服的颜色规定

清代男朝服和女朝服不同，男朝服只有一件朝袍，女朝服有三件，从外到内分别是朝褂、朝袍、朝裙。以下根据乾隆朝《大清会典》记载，将男女朝服的色彩规定加以归纳：

皇帝的朝服分为两种，一种用于祭祀，一种用于朝会。皇帝祭祀的朝服有四种颜色，即青（蓝）、黄（明黄）、玉色（月白）、红。其中南郊祈谷用青色，西郊祭月用玉色（玉色为一种浅蓝色），北郊祭地用黄色，东郊祭日用红色。

朝会用黄色。其他男性贵族、官员，举人以上朝会可以穿朝服：皇太子用杏黄色，皇子用金黄色，宗室封爵者"蓝及石青诸色随所用，曾赐金黄者，亦得用之"；民公至四品"蓝及石青诸色随所用"；四品以下官员可穿朝服的"色用石青"；等级较低不能穿朝服的人配套穿的是公服、祭服，主要以青、蓝主为主[1]。

女朝服中朝褂均用石青；皇子福晋以上朝袍使用黄色系，具体为皇太后、皇后、皇贵妃用明黄色；太子妃用杏黄色；贵妃、妃、皇子用金黄色；嫔、皇子福晋用香色。贝勒夫人以下"蓝及石青诸色随所用"；朝裙除纹饰有所区别之外，无论尊卑均是上红下石青。

从乾隆朝定下的制度看，朝服的颜色除了黄色系为皇族专用，其余人均以青或蓝色为主，这一系统一直延续至清末。

（三）袍的颜色规定

袍是清代满族最重要的服饰，各种场合都会穿，可以与褂搭配，也可以单穿。这里所述的袍包括吉服袍、行服袍、常服袍。

吉服袍是宫廷礼仪场合中的重要服饰。皇帝、后妃、皇太子、太子妃穿用龙袍，其他人穿用蟒袍。乾隆朝《大清会典》记载了色彩的等级：皇帝、皇太后、皇后、皇贵妃用明黄；皇太子、太子妃用杏黄色；贵妃、妃、皇子用金黄色；嫔、皇子福晋用香色；皇孙、皇曾孙等金黄（等级）以下颜色随所用。皇孙福晋以下"红绿颜色随所用"，但不能用金黄色、香

---

❶ 《大清会典：卷三十》，乾隆朝，作者2006年抄录于辽宁省图书馆。

❷ 故宫博物院存有一些名为端罩的藏品，黄面，毛朝里，尚有待研究。

色；亲王以下可以服蟒袍者"蓝及石青诸色随所用"，但不能用金黄色和香色。后妃、公主、福晋的吉服袍除了龙蟒纹之外，还有其他纹样的应景袍，即以花卉、蝴蝶、鸟、博古等纹样为主纹，袍身颜色也要遵循吉服的色彩规定，除了等级色外，色彩选择更加自由，以精致、趣味和生活化为追求。

常服袍为日常办公时的服装，会典中只对皇帝常服作出规定："色及花文随所御"，但皇帝常服的颜色似乎并非随心所欲，从乾隆和咸丰的穿戴档案可以看出，基本固定为几个颜色，并与内务府的织造档案记载的颜色相符。乾隆至道光年间常服的颜色基本以蓝、酱、驼、古铜等为主，间有墨色、油绿等❶，从织染局的档案记载来看，蓝色的用量是比较大的，清宫绘画也验证了这一点。

行服袍在典制中属男子服饰，为了骑行方便，设计为缺襟款式，其色彩在会典中没有明确规定。从传世实物上看，应与常服袍一致，蓝色居多。从织造档案看，应该是每年同期织造制作。

（四）色彩禁忌

除了与礼仪相关，其他服饰主要遵循使用的色彩禁忌，不能僭越，其他色彩的使用相对自由。

便服袍没有马蹄袖这一重要礼仪标志的结构，通常以织花或刺绣为主，且其色彩、纹样通常体现了一个时期的时尚特征。色彩禁忌主要是黄色系的使用，后文将展开论述。

清代袍服都配腰带，带色也体现身份。雍正朝《大清会典》记载："凡带色，崇德元年定亲王以下，宗室以上俱系金黄带，觉罗系红带。其金黄带红带不许给予异性人员"。满族是马上民族，骑马时使用的带子在颜色上也有规定："凡辔色，康熙二十四年题准，凡亲王、世子、郡王马上用金黄色扯手，长子、贝勒、贝子马上用紫扯手，不许与内外员人等。"在织染局档案的年例中发现有染明黄带、金黄带、紫白带，以及其他各色带子。

四、清代宫廷服饰色彩的意义

（一）皇权至上的黄色系

从服饰制度可知，清代皇室有专用的黄色系，严格的等级色彩为明黄、杏黄、金黄、香色，其他如米色、驼色、古铜等也是相对高贵的色彩，是皇帝常服经常使用的颜色。对黄色的尊崇主要源自元、明以来形成的以黄色、龙纹为皇家专属的制度。明代政府对辽东地区采取"卫所"制度，经常赏赐一些类似皇室使用的丝织品或服饰，其中尤以黄色、龙蟒纹为贵，称为蟒缎、蟒衣。这是后金时期以黄色、龙蟒纹为贵的直接缘由，这些后来形成习惯的认知在清朝建立后，形成制度，一体遵行。

《满文老档》记载，1615年努尔哈赤行猎时穿"秋香色花缎子衣服"，因为下雪，"停下来卷起他的秋香色的花缎子衣服"，解释说"我不是因为没有衣服才卷起，让雪湿了衣服有

---

❶ 《内务府织染局档案》，作者于2006年抄录于中国第一历史档案馆。

什么益处呢？与其让雪湿了，不如给你们新衣服好吗？如果湿了把坏衣服给你们有什么好处，我珍惜衣服是为了你们众人"。满族早期社会把明朝的丝绸服饰视为"好衣服"，满族在后金时期有获得战利品之后均分的惯例，赏赐"好衣服"是以其为殊荣。努尔哈齐时期，服装色彩的等级不是很严格，《满文老档》记载，天命七年（1622 年）努尔哈赤的话"阿哥们，因为你们让自家的子女们穿薄缎子，所以今厚的好缎子都剩下了……你们要亲自挑选几种缎子，把诸贝勒穿的，福晋们穿的，儿子们穿的，女儿们穿的……分类存放……"❶也证明按等级大概分类的情况。但这种情况在国力逐渐强大、礼制逐渐健全之后便大有改观。

天聪六年（1632 年），明令禁止八大贝勒及以下"勿服黄缎及缝有五爪龙等服"[3]。崇德元年（1636 年）定皇帝"服黄袍""皇贵妃、贵妃、妃、嫔礼服……黄色秋香色不许服用"。这一制度一直沿用至雍正时期，在康熙、雍正《大清会典》中都有明确记载。直至乾隆朝修订《大清会典》，放宽了黄色系使用范围：明黄为皇帝、皇太后、皇后、皇贵妃等级；杏黄色为皇太子、太子妃等级；金黄色为贵妃、妃、皇子等级；香色为嫔、皇子福晋、皇孙以下等级，但皇孙福晋以下者不能使用香色了。

制度上的等级色彩是不可僭越的，即身份低的人不能使用高于自己等级的颜色。那能不能使用低于自己等级的颜色呢？当然可以。比如说皇帝可以使用任何一种颜色，但是考查文献和实物发现，皇帝不使用金黄和杏黄色，却对香色情有独钟，最典型的例子是常服袍常使用香色。联系上文，可能因为香色在清初原就是皇帝所使用的颜色，有偏爱。香色是一种什么样的颜色呢？根据织造档案，染用香色的方法是用槐子加明矾、黑矾媒染❷，因此，这种颜色是黄中带绿。沈阳故宫藏有一件"皇太极"的"黄袍"，面料为"香黄色暗万字锦地云龙纹缎"，里为"月白暗花丝绫"，中有棉絮，以"蓝地云龙妆缎"为领袖，蓝素缎接袖。身长 140cm，袖长 67cm，围宽 61.5cm，下摆宽 110.4cm[4]。2018 年北京举办了"来自盛京"清代宫廷生活用品展，在展厅里测得这件袍服的色彩为 15-0743 TCX（潘通色号），为黄中带有偏绿的颜色，如图 2 所示。

图 2　沈阳故宫藏皇太极的黄袍

---

❶ 辽宁大学历史系：《重译满文老档：太祖朝第一分册》，1978 年，第 32 页，第 136 页。

❷ 《清代织染局染作档案：乾隆十九年销算染作》，作者 2006 年抄录于中国第一历史档案馆。

满族统治者视黄色为皇权象征，有清一代一直极为重视，色彩禁忌的规定逐渐完善，一直到乾隆时期，才算真正规范起来。

崇德时期，禁止亲王以下官民人等用"黄色及五爪龙凤黄缎"❶。但因为早期制度不严格，会存在一些与现行制度不符的情况，且存续时间较长。

清军入关后，顺治四年"至所禁服式，有旧时制成者，仍听服用。自定制以后，有违禁擅制者，即行治罪。该管牛录章京，各查属民原有衣服，分别新旧颜色，缎名登册，以便查验"。顺治八年"喻官民人等，披领系绳合包腰带不许用黄色。一应朝服便服表里俱不许用黄色秋香色。"顺治九年"三爪龙缎满翠缎团补，黄色秋香色，黑狐皮，上赐者许用外，余俱禁止。不许存留在家，亦不许制被褥帐幔，若有越用及存留者，系官照品议罚，常人鞭责，衣物入官，妻子僭用者，罪坐家长"。图3为故宫博物院所藏顺治时期的朝袍，其形制与乾隆时期的制度相去甚远。唯有黄色可以证明它的品级，说明黄色在清初的至高无上的地位。

康熙时期，仍有黄色违制使用问题，康熙二十六年规定"凡官民人等不许用无金四爪之四团八团补服缎纱及无金照品级织造补服，又似秋香色之香色米色。亦不许用。大臣官员有御赐五爪龙缎立龙缎俱令挑去一爪用"❷。

雍正时期，黄色滥用情况依旧很严重，雍正二年规定"官员军民服色定例禁用黑狐皮秋香色米色香色等类，近来官员军民以及家奴人等，皆滥行服用，无知之徒，亦有用香色秋香色鞍辔者，皆由该管官员，不实心奉行所致，嗣后如有违禁僭用，该管官员不行拏送，事发，将僭用人，该管官员，俱于定例外，加罪议处"❸。

到了乾隆时期，依照《皇朝礼器图式》制作等级服饰，使滥用问题得以解决。通例中只规定"上用服色及色相近者，王公以下均毋得用，若有赐毋得如制自为之。"至此，清代黄色系的等级制度固定下来，并为清代后世遵循。

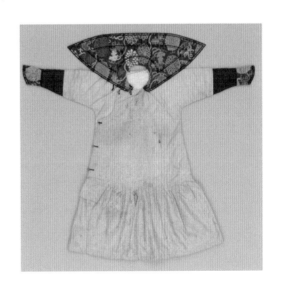

图3　顺治时期黄色缠枝莲纹暗花绸男棉朝袍
（故00041761）
（图片来源：故宫博物院数字文物库网）

（二）情有独钟的蓝色系

满族入关前生活在中国北方边陲，四季分明，冬季寒冷。后金政权建立之前，满族有语言没文字，因此满族在关外的生活文字记录很少，而服饰的遗存更少。在有限的资料中整理关于纺织品、服饰的信息发现：后金时期毛皮和布（非丝织品）在满族人的衣

---

❶　《大清会典：卷四十八》，作者2006年抄录于辽宁省图书馆。

❷　同上。

❸　《大清会典：卷六十四》，作者2006年抄录于辽宁省图书馆。

生活中占有极大的比重，如1621年盖州游击送来的东西包括"缎子八匹；翠蓝布1081匹，缎子衣服171件，翠蓝布衣服86件；皮袄7件"❶；1638年的赏赐中记述"为此七十七人制衣，共用通山蟒缎四匹……大佛头青布一百有三匹二托，大蓝布一百三十四匹，小蓝布四百九十七匹……各缎领缎面棉袍，翠蓝布棉衬衣，棉裤，妆缎领佛头青布袍，佛头青布棉衬衣，棉裤，妆缎领佛头青布袍，佛头青布衬衣，裤……彭缎领佛头青布袍，金线花青绸捏折女朝褂、佛头青布衬衣，翠蓝布裤，镶帽缎蓝布裙……"[5] 这里提到的很多布都是蓝色布，《扬州画舫录》卷一所述"佛头青即深青"，所以毛青布和佛头青布都指深青色的棉布，翠蓝布、大蓝布等是深浅不同的蓝布，都是当时的主要衣料。

满族入关前蓝色成为使用最广泛的颜色主要是经济原因，与蓝的种植、靛青的规模化生产和染坊的稳定运行有关。靛青是一种还原染料，与其他天然染料使用方法不同，色素可以提炼并能相对长期保存，建好的靛缸保持活性可长期使用，染色只需要浸染，无须加热，所以无论是储存、运输、染制都是比较方便操作的，其他染料染色的条件和染料利用率可能远不及靛青。因此面料制作的成本较低，而当时，满族社会的经济条件有限，蓝布是当时解决基本生活需求的一大保障。1631年皇太极所颁的诏书中写道"诸贝勒下闲散侍卫，带子章京，护军以上，其有缎者许服缎衣；上述人员以下者，均不得服缎衣，许用佛头青布。所以令众人用布者，非为缎匹专供上用也。计其价值，一缎之价，可得佛头青布十，一缎可制一衣，十佛头青布可成十衣，缎价昂且希少，佛头青布价廉且丰足，想此有益于众贫民，故约束之"❷。正是在经济等条件制约下，蓝色逐渐融入满族的生活习俗，成为民族色彩审美的重要组成。

随着战争胜利的推进，通过纳贡、缴获、自行生产等手段，当时的满族获得了更多的丝织品，服饰面料开始多元化，毛青布的地位逐渐降低。到了顺治时期，毛青布一般作为末等人赏赐品了，取而代之的是高级的丝织品、麻织品和细布。

无论从现存实物还是档案记载，清代蓝色的使用量都是非常大的。如前文提及，清代服饰制度中的礼、吉服褂在清初虽然出现花地的情况，但很快就被青色素地所代替，至乾隆定制后，等级较高的吉服袍也是以蓝为主，且不说亲王以下基本规定"蓝及诸色随所用"，就皇帝的龙袍虽然等级色是明黄色，但实际使用时有多种颜色的选择。以穿戴档为例，咸丰四年，皇帝龙袍有四种颜色，即明黄、蓝、驼、酱四色[6]，其中蓝色的使用频率最高；乾隆四十二年，皇帝的龙袍有黄、蓝、酱、香四种颜色[7]；再如乾隆二十一年穿戴档中记载，正月十六日，皇帝陪太后"在正大光明殿吃桌子"时穿"蓝刻丝万字锦地黑狐朦龙袍"[8]。《会典》对常服袍、行服袍的使用中颜色规定很宽泛，从乾隆时期织染局档案记载看，皇帝的常服袍、行服袍主要用宝蓝、深蓝、油绿、墨、灰、米、驼、秋香、酱、古铜等颜色，蓝色数量相对较多，而织染局年销算的染料中，靛青的使用量非常大。从穿着习俗上看，蓝褂与袍的搭配是清人的正式服色，蓝袍也是清代最常见的。此外，无论褂还是袍，无论是礼仪服饰还是便服，月白色的里子最为常见。

---

❶　辽宁大学历史系：《重译满文老档：太祖朝第一分册》，1978年，第29页。

❷　辽宁大学历史系：《重译满文老档：太祖朝第一分册》，1978年，第1351页。

据不完全统计，从宫廷到民间，清代蓝色的色名由浅至深有几十种，清代还有一种以不同深浅蓝色设色的绣品"三蓝绣"，在宫廷和民间都十分流行，足见清代对蓝色的偏爱。

（三）尊贵吉祥的五彩色系

清代礼、古服袍，殿堂、寺庙的装饰纹样设色有一个十分重要的特征，那就是多使用五彩。何为五彩？人们常与远古的五色观建立联系。五色即五行正色青、赤、黄、白、黑。而从实物上看，清代的五彩与正色"五色"又不完全相同，其中关系，有待深入探讨。

清入关之初，受明代宫廷织绣的影响，出现了很多多彩装饰的面料。如图4所示，故宫所藏顺治时期的褂料，装饰有红、蓝、绿、白、黄五色。类似这种配色的实物还有多件，学界通常认为这是明末的风格。

图4　顺治时期蓝色缂丝云龙纹褂料（故00023626）
（图片来源：故宫博物院数字文物库网）

关于纹样的色彩，早期的史料并没有有力的佐证，清朝第一部《大清会典》颁布于康熙朝，在冠服卷中没有提及装饰色彩，但留存的实物可以窥见不同时期装饰纹样的色彩特征。如图5（a）所示[9]，为康熙皇帝的御用朝袍胸前局部特征，仅就图片观察有蓝、白、黄、绿、红等颜色，其中红色使用量较少，因此整体以冷色调为主；雍正朝《大清会典》冠服制度增加了通身五彩祥云[10]的规定，但这一时期雍正皇帝的遗世实物仍以冷色调为主，如图5（b）所示[9]，雍正皇帝御用的月白色❶朝服，其色彩包括蓝、白、黄、绿、红，红色的使用量较少，但雍正时期的一些其他实物也存在红色较此偏多的情形，甚至有些实物与乾隆时期非常接近；乾隆朝《钦定大清会典记载》皇帝礼服"南郊用青，北郊用黄，东郊用赤，西郊用玉色。朝会均用黄，有披肩腰襞积前后正幅如帷，备十二章，施五采……""服用龙袍色尚黄，裾四启，备十二章施五采……"，不仅皇帝礼、吉服明确规定了施五彩，妃嫔礼、吉服也均"施五采"，除了文字记述外，还在《皇朝礼器图式》有十分明确的展示，红色使

---

❶　浅蓝色的一种，在清代不同时期，深浅也不同。

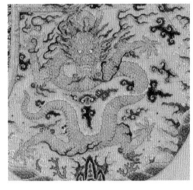 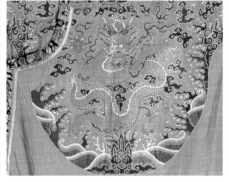 

（a）康熙御用朝服　　　　　　（b）雍正御用朝服　　　　　（c）皇朝礼器图式中皇贵妃吉服褂

图5　康熙、雍正、乾隆时期礼吉服的色彩

用比例大幅增加，如图5（c）所示❶，彩绘版《皇朝礼器图式》的册页中皇贵妃龙褂，水纹用了红、黄、蓝、绿、紫五种主要颜色，每种颜色又有深浅过渡。乾隆《大清会典》对其他人的服饰未提及"五采"，但嘉庆以后，从上至下，皇室、贵族、官员服饰上均可饰"五色云"[11][12]。五彩的使用广泛且程式化，呈现吉祥、福贵的气氛。

通过对宫廷服饰的研究，乾隆及以后，服饰上的五彩基本以蓝、红、黄、绿、紫为主色，黑、白、灰通常作为点缀色（黑色非常少见），有时也会出现褐色系色彩。五彩装饰通常有丰富的色彩过渡，实物显示乾隆时期主要用三色过渡，宫廷的三色红为大红、桃红、水红；三色紫为铁紫、青莲、藕荷；三色绿为瓜皮绿、官绿、沙绿；三色黄为明黄、金黄、柿黄；三色蓝为宝蓝、月白、玉色❷。

典型的五彩纹样是清中后期的云纹和水纹。云纹是礼仪服饰中必不可少的纹样，通常作为衬托。云纹可拟化为多种形式，承载各种美好的寓意，如灵芝云、四合如意云等。一团云纹由多个小云朵组成，清中后期常使用五彩丝线来织绣。礼仪服饰的边缘或某些装饰纹样的边缘部位都有水纹❸装饰，水中有山，山水之间杂宝、八宝等纹样浮现，寓意万代江山或锦绣江山。清中期，水纹就使用了五彩织绣，之后这种五彩水纹就成为一种程式，广泛应用于各种装饰水纹的纺织品，成为一种皇家、宫廷、达官显贵的象征。宫廷民间，相得益彰，民间虽不能使用宫廷的专用色彩和纹样，但在配色上，也尽显五彩的意象，使清代民间文化呈现一派世俗化、程式化的面貌，图必有意，意必吉祥。

五、总结

清代宫廷服饰的色彩首先继承于明代，发展至乾隆时期臻于完善。在色彩的使用规则首

---

❶ 《皇朝礼器图式》彩绘本，赵丰拍摄于大英博物馆。

❷ 《清代织染局染作档案：乾隆十九年销算染作》，作者2006年抄录入中国第一历史档案馆。

❸ 平水，立水的称谓是学界的共识，究其根源，是云气纹的演变。

先是等级制度，一定身份以上的人有最高级别的颜色，其次是禁忌，官民必须遵守。整体来看，黄色代表皇族至高无上的权利；蓝色是满族的传统色；五彩彰显了宫廷的富贵和吉祥寓意。乾隆以前，黄色系只为帝后等级使用，乾隆以后黄色系使用规范是明黄为皇帝、皇太后、皇后、皇贵妃等级，杏黄色为皇太子、太子妃等级，金黄色为贵妃、妃、皇子等级，香色为嫔、皇子福晋、皇孙以下等级，皇孙福晋以下者不能使用香色。1840年以后，政治的羸弱导致服饰制度僭越现象屡屡发生，而江南织造的式微也使民间仿制泛滥，清晚期的服饰已无法代表皇权和等秩了。

［1］允禄.皇朝礼器图式［M］.扬州：广陵书社，2004.

［2］宗凤英.明清织绣［M］.香港：商务印书馆，2005：4-10.

［3］中国第一历史档案馆，中国社会科学院历史研究所.满文老档：上，下［M］.北京：中国书局，1990：1350-1351.

［4］王云英.皇太极的常服袍［J］.故宫博物院院刊，1983（3）：91-95.

［5］中国第一历史档案馆.清初内国史院满文档案译编：上［M］.北京：光明日报出版社，1986：400-401.

［6］中国第一历史档案馆.清代档案史料丛编：咸丰四年穿戴档［M］.北京：中华书局，1980.

［7］崔景顺.清代乾隆四十二年《穿戴档案》服饰研究［J］.服饰文化研究，1999，7（5）：33-45，705-717.

［8］中国第一历史档案馆.圆明园［M］.上海：上海古籍出版社，1991.

［9］张琼.清代宫廷服饰［M］.北京：商务印书馆，2005：17，30.

［10］乾隆朝.钦定大清会典：卷三十［M］.长春：吉林出版集团，2005.

［11］嘉庆朝.钦定大清会典：卷二十二［M］.台北：文海出版社，1991.

［12］光绪朝.大清会典：卷二十九［M］.北京：中华书局，1991.

先秦色彩智慧及其应用

米鸿宾

【摘　要】讲到色彩，就离不开服饰。中国华服的源头可以追溯到新石器时代晚期。中国服饰的色彩体系有自己独特的运用法则，至少在周朝时期，色彩体系业已完善，色彩在政治制度中，亦用于惩罚与奖赏。此外，色彩体系还与朝代相对应，与季节相呼应，并普遍应用于开蒙、教化、饮食、医药等诸多领域。色彩源于自然，其内在规律亦法于自然。因此，了解中国色彩智慧可以纠正诸多无序的色彩认知。

一、中国色彩体系概述

什么是国色？什么是时色？什么是起色？什么是活色？什么是幸运色……这些耳熟能详的词语，其本源究竟是何意？

恐怕真正了解的人寥寥无几。

讲到色彩，就离不开服饰。中国华服的源头可以追溯到新石器时代晚期，当时已出现有丝绸和麻的纺织品，典籍记载"黄帝、尧、舜垂衣裳而天下治"（《易·系辞下》），可见至少在新石器时代晚期的黄帝、尧舜时代，就已经出现了"衣裳"。及至汉代，华服逐渐固化为交领右衽、上衣下裳的特征，并成为服饰制度的重要法则之一。以至于也深远地影响了周边国家和民族的服装形制，日本奈良时代是"衣冠唐制度，礼乐汉君臣"，举国穿唐衣冠。而朝鲜半岛的新罗真德王时期亦"始服中朝衣冠"（《三国史记》），高丽时期服装"遵我宋之制度"（《宣和奉使高丽图经》），朝鲜李朝坚持"大明衣冠"……包括越南、菲律宾等国家也或多或少地接受汉服的服装特质。足见其已经成为社会普遍认同的服制公序。

除上述服饰的款式法则之外，其色彩体系也有自己独特的运用法则。

先秦著作《诗经》，《诗经·大雅·烝民》曰："天生烝民，有物有则。"是说，上天生下万物，万物都有其内在的规律性。当然，颜色也不例外。

对于颜色体系而言，中国早在先秦时期就有了成熟而独特的色彩体系。并且这个有着四千多年历史的中国古代色彩智慧，从朝代到具体年景和季节，都有着明确的实践法则，涵括祭祀、政治、文学、绘画、医药、养生、艺术、心理学等诸多方面，其背后的应用法脉及其实践规律，对人们的生活产生了持续而深远的影响，以至于中国古代的《诗经》《尚书》《庄子》《左传》《史记》《淮南子》等典籍，以及老子、孔子、孟子、庄子、荀子、韩非子、列子、扁鹊等耳熟能详的历史人物，都在为中国色彩系统背书。

《史记·周本记》载："太任之性，端一诚庄，惟德能行。及其妊娠，目不视恶色，耳不听淫声，口不出敖言，生文王而明圣，太妊教之，以一识百。卒为周宗，君子谓，太妊为能胎教。"可见，颜色是周文王之母太任端心正意的一个重要标准，不好的颜色坚决不看，也更不会穿。后来孔子说的"非礼勿视"，其中就包含了色彩，即不符合礼制规定的事物不看。

至少在周朝时期，色彩体系业已完善，并成为政治系统中的礼制之一。《周礼·春官·大宗伯》载"以玉作六器，以礼天地四方：以苍璧礼天，以黄琮礼地，以青圭礼东方，以赤璋礼南方，以白琥礼西方，以玄璜礼北方。皆有牲币，各放其器之色。"祭祀时，器物、方位、颜色都做了相习规范。而《汉书·艺文志》亦云："故圣王必正历数，以定三统服色之制……"

中国古代服色制度详细规范了天子每年每月居于明堂何处、何室，驾何种颜色马，车上插何种颜色旗，穿何种颜色衣服、冠饰及所佩玉之颜色等。

据《吕氏春秋》载："孟春之月……天子居青阳左个，乘鸾路，驾仓龙，载青旍，衣青衣，服仓玉，食麦与羊，其器疏以达。"

是说，正月……天子居住于明堂东部青阳的北室，乘有鸾铃车子，驾青色大马，车上插青色绘有龙纹的旗，穿青色衣服，冠饰和所佩玉均为青色，食品是麦和羊，所用器物镂刻的花纹粗疏，而且是由直线组成的图案。

"仲春（二月），天子居于明堂东部青阳的中室……"

"季春（三月），天子居于明堂东部的南室……"

其衣、食、住、行、用及用色均与孟春相同。

夏季，天子衣、食、住、行、用作如下改变——"孟夏之月……天子居明堂左个，乘朱路，驾赤骝，载赤旍，衣朱衣，服赤玉，食菽与鸡，其器高以粗。"

是说，初夏（四月）……天子居住在明堂南部的东侧室，乘朱红色车子，驾赤色马，车上插挂有铃铛的赤色龙纹旗帜，穿朱红色衣服，冠饰和佩玉均为赤色，食品为豆类和鸡，所用器物高而粗大。

"仲夏（五月），天子居于明堂南部的中室大庙……"

"季夏（六月），天子居于明堂南部的西室……"

其衣、食、住、行、用及用色，均与孟夏同。

秋季，天子衣、食、住、行、用作如下改变——"孟秋（七月）……天子居总章左个，乘戎路，驾白骆，载白旍，衣白衣，服白玉，食麻与犬，其器廉以深。"

是说，孟秋七月时……天子居住在明堂西部总章的南室，乘兵车，驾白马，车上插白色龙纹旗，穿白衣，冠饰和所佩玉均为白色，食品是麻籽和狗肉，所用器物有棱角而且深。

"仲秋（八月）天子居于明堂西部总章的中部……"

"季秋（九月）天子居于明堂西部总章的北室……"

其衣、食、住、行、用及用色均与孟秋同。

冬季，天子衣、食、住、行、用作如下改变——"孟冬（十月）……天子居玄堂左个，乘玄路，驾铁骊，载玄旍，衣黑衣，服玄玉，食黍与彘（zhì），其器闳以奄。"

是说，孟冬十月……天子居住在明堂北部玄堂的西室，乘黑车，驾黑马，车上插黑色龙纹旗，穿黑衣，冠饰和佩玉均为黑色，食品是黍米和猪肉，所用器具中间大而口小。

"仲冬（十一月）天子居于明堂北部总章的中部……"

"季冬（十二月）天子居于明堂西部总章的右室……"

其衣、食、住、行、用及用色均与孟冬同。

如此，一年四季都记载得清清楚楚，为后世建立传承脉络。

色彩在政治制度中，亦用于惩罚。

《尚书·尧典》载："象以典刑。"

《周礼》司圜疏引云："画象者，上罪墨冢赭衣杂履；中罪赭衣杂履；下罪杂履而已。"

《白虎通疏证》曰："犯墨者蒙巾；犯劓者以赭著其衣；犯膑者以墨蒙其膑处而画之；犯宫者履杂扉；犯大辟者布衣无领。"

《春秋繁露·王道》曰："画衣裳而民不犯"，即"画衣冠、别章服"，在服装上画下某种象征惩罚的图案以达到处罚的目的。

三国时期，曹操初为郎官，差事为宫禁守卫。在守卫宫门的过程中，曹操发明了五色棒，将其悬于大门左右。进出宫门的人如有犯禁者，无论是谁，背景多大，一律大棒伺候。

除此之外，色彩还与朝代对应。

诸子百家之一邹衍说"五德从所不胜，虞土、夏木、殷金、周火"（《文选》李善注引）。《史记·秦始皇本纪》："方今水德之始，改年始，朝贺皆自十月朔。衣服旄旌节旗皆上黑。""今皇帝并有天下，别黑白而定一尊。""崇尚水，对应黑色，故秦代服色以黑为尊，龙袍亦黑。"

明朝对应火德，其色为红，所以我们会看到明代画像中的朱元璋、董其昌等人的服饰，红色都特别鲜明、宏大。这些都是应色的结果。

古人对色彩智慧应用之娴熟，是十分神奇的。据唐代《戎幕杂谈》载，唐代大书法家颜真卿在担任醴泉尉时，唐玄宗亲自主持科考。颜真卿考试之前专程向一尼姑咨询前程。尼姑说："此次考试一定会成功，一两个月之后就会到朝中做官。"颜真卿又问："我最大的官位，是穿上五品的官服吗？"尼姑笑着回答："您的期望怎么这么低呢？"意思是说，你愿望中的五品官太小了。颜真卿说："做到五品官职，就可以穿粉色的服饰，佩戴银鱼了呀。我对此已经很满足了！"尼姑指着桌上一块紫色绸缎说："你官服的颜色，至少是三品的官职啊。"颜真卿听完一时不敢相信。后来，事态的发展，果然与尼姑所说的完全一样——颜真卿仕途一帆风顺，公服颜色也由碧而绿，再染为赤，最后直到官居二品，穿上了紫色官服。秦代制定官服为三品，最上为紫，居中为赤，最下为绿。而《汉书》亦载相国、丞相是金印紫绶。魏晋南北朝时期的《世说新语》也载有"吾闻丈夫处世，当带金佩紫"，说明在那个年代紫色是尊贵色。而人们常说的形容词"红得发紫"或许与此有所渊源。

说到颜色与科举之间的关系，在宋仁宗天圣五年，亦有一件趣事：当年的科举考试榜眼的风头压倒了状元——那年科举排名揭晓后，皇宫东华门下，朝廷君臣云集，举行新科进士唱名仪式。礼官正喊到第二名韩琦，忽有司天监官员匆匆赶来，向皇帝禀报，此刻太阳下出现了奇异的五色祥云。闻毕，左右官员一起恭贺皇帝，说这是国家得到人才的征兆。随后，春风满面的君臣们，一起把视线投向了韩琦。此人二十来岁，风骨清秀，能够与五色祥云同时大放异彩，假以时日，定非池中之物，他日定为国之栋梁。而事实竟然真的印证了此五色祥云的应兆——韩琦一生历经北宋仁宗、英宗和神宗三朝，亲身经历如抵御西夏、庆历新政等重要事件。作为一位北宋中期的贤相，他"公历事三朝，辅策二朝，功存社稷，天下后世，儿童走卒，感慕其名。"（《韩魏公集·序》）又，"琦相三朝，立二帝，厥功大矣。当治平危疑之际，两宫几成嫌隙，琦处之裕如，卒安社稷，人服其量。"（《宋史》）由此可见，韩琦果然英明一世。难怪苏东坡都赞道："韩（琦）、范（仲淹）、富（弼）、欧阳（修），此四人者，人杰也。"

就季节而言，每个季节都有每个季节的时令色，并且古往今来万变不离其宗——春绿，夏红，秋金，冬墨，季末为黄、棕、灰。以春天为例，在古代，春天要穿符合春天颜色和款式的衣服——春服。对此，古书中有着诸多明确记载。《论语·先进》曰："暮春者，春服既成。"晋代陶潜在其《时运》诗中说："袭我春服，薄言东郊。"宋代梅尧臣在其《湖州寒食陪太守南园宴》诗中说："游人春服靓妆出，笑踏俚歌相与嘲。"明代张羽在其《三月三日期黄许二山人游览不至因寄》诗中写道："济济少长集，鲜鲜春服明。"就连苏东坡也在其《望江南·暮春》写道："春已老，春服几时成……"可见，对应季节的顺时应色已是一个常识（图1）。

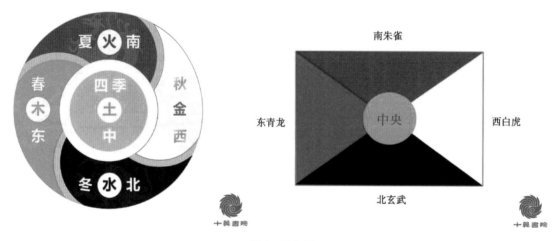

图1　五色图

对应时色称为正色，对应五行"青赤黄白黑"。除了以上政治、礼制、祭祀、游玩之外，五色在其他方面的应用也极其广泛。

在开蒙方面，《三字经》曰："青赤黄，及白黑；此五色，目所识。"

在绘事方面，唐代张彦远《历代名画记》曰："运墨而五色具，谓之得意。"而清代阎镇珩在《六典通考》中亦载："画缋之事，杂五色……杂四时五色之位以章之，谓之巧。如图2所示，《步辇图》（局部）为唐代阎立本所绘，松赞干布使者禄东赞朝觐唐太宗场景。

在饮食方面，《隋书·安国传》载："炀帝即位之后，遣司隶从事杜行满使于西域，至其国，得五色盐而返。"

图2 《步辇图》局部

在气韵方面，《麻衣神相·论气色》载："天道周岁二十四节气，人面一年气色，亦二十四变。以五行配之。无不验者……春要青，夏要红，秋要白、冬要黑；四季月要黄，此天时气色也。"且讲得更为具体。"木形人要青，火形人要红：金形人要白，水形人要黑，土形人要黄，此人身之气色也。木形色青，要带黑忌白；火形色红，要带青忌黑；金形色白，要带黄忌红；水形色黑，要带白忌黄；土形色黄，要带红忌青。此五行生克之气色也。"

在生活方面，《孟子》曰："斧斤以时入山林，材木不可胜用也。"梁代皇侃《论语集解义疏》云："改火之木，随五行之色而变也。"一年之中，钻火要随时而异木，故曰："改火"。

而在继承中国文化繁多的日本，其每年立春的前一天，都要举行隆重的"节分祭"（亦名"节分星祭"）活动，其中"五色豆"（炒熟的黄豆）是该活动必用的物品之一。

在教化方面，《左传·昭公十二年》载："鲁国南蒯准备叛乱，占得坤之比卦，以为大吉。子服惠伯却认为，黄是中之色，裳是下饰，应讲忠信，以下奉上；以下犯上是不忠不信，则必败。"后来果然，南蒯叛乱失败，流亡齐国。但惠伯的一番话以颜色所对之德，强调做事要以守正为前提，的确是真知灼见。

在医用方面，观色是重要的诊病方法。《黄帝内经·灵枢·脉度》强调："肝气通于目，肝和则目能辨五色矣。"并且，《黄帝内经·素问》还进一步表述人体五色的详细相状："五色者，气之华也。赤欲如白裹朱，不欲如赭；白欲如鹅羽，不欲如盐；青欲如苍壁之泽，不欲如蓝；黄欲如罗裹雄黄，不欲如黄土；黑欲如黑漆色，不欲如地苍。五色之欲者，皆取其润泽。五色之不欲者，皆恶枯槁色也。"其经又云："又五色精微象见矣，其寿不久也。言五色固不宜枯槁，若五色之精华尽发越于外，而中无所蓄，亦非宜也。大抵五色之中，须以明润为主也。而明润之中，须有蕴蓄。若一概发华于外，亦凶兆也。察色之妙不过是矣。"

而唐代药王孙思邈也强调，察色为医者基本功之一："夫为医者，虽善于脉候，而不知察于气色者，终为未尽要妙也。故曰：上医察色，次医听声，下医脉候。是知人有盛衰，其色先见于面部。所以善为医者，必须明于五色，乃可决生死，定狐疑。"足见医家对五色研究之久之深之精微。

除了诊法外，医药方面也重视五色的应用。晋代葛洪《抱朴子·仙药》云："云母有五种……五色并具而多青者名云英，宜以春服之……"除了医人之外，"女娲炼五色石以补苍天，断鳌足以立四极。"（《淮南子·览里》）

在服饰方面，《荀子·正论》曰："衣被则服五采，杂间色，重文绣，加饰之以珠玉。"《礼记·玉藻》曰："衣正色，裳间色。"宋代苏东坡《赠朱逊之》亦载："黄花候秋节，远自夏小正。坤裳有正色，鞠衣亦令名……改颜随所令。"宋代邵雍弟子张岷在诗中亦写道："平生自是爱花人，到处寻芳不遇真。只道人间无正色，今朝初见洛阳春。"而《庄子·田子方》载庄子与鲁哀公的对话时，庄子说："周闻之，儒者冠圜冠者，知天时；履句屦者，知地形；缓佩玦者，事至而断。"我听说，儒者中头戴圆帽者，懂得天时；脚穿方鞋者，精通地理；用五色丝带系玉玦者，遇事有决断。

而明代陶宗仪亦有"作五色藤筌台皆一时之精绝者"之句（《说孚》卷六十三上）。足见五色观念应用之普及。

此外，颇为有趣的是，即便是梦境，亦有与五色相关的记载。如《南史》卷五十九所载的《江淹列传》记载："淹少以文章显……尝宿于冶亭，梦一丈夫自称郭璞，谓淹曰：'吾有笔在卿处多年，可以见还。'淹乃探怀中得五色笔一以授之。尔后为诗绝无美句，时人谓之才尽。"是说，才华横溢的江淹，曾经在冶亭住宿时，梦到一人自称是晋代的大学者郭璞，对他说："我有一支笔在你那里很多年，该还给我了。"于是，江淹果然从怀中摸出了一支五色笔，遂还给了郭璞。但从此后，江淹的诗作就再无美妙之句出现。以至于当时的人评价他为"才尽"了。而这个记载，也是成语"江郎才尽"的来历。

关于五色的文献记载，实在是数不胜数，百姓日用亦屡见不鲜。

先秦时期确定的"五色"是以野鸡羽毛（雉）的特征来界定"五正色"的色相。今人对比先秦时期丝绸染色方法和染色结果，亦证实了先秦时期"五正色"系野鸡羽毛的主要色块组成。

五正色之外的色彩，称为"间色""奸色"或"闲色"。

孔子曰："恶紫之夺朱也，恶郑声之乱雅乐也。"朱是正色，同赤；紫是间色。按孔子所言，正色和雅乐一样，间色和郑声一样，郑声淫，不为君子所取。正色是正统高雅的色彩。

间，训为"隙""厕""闲"或"奸"，在五行系统中训为隙，即"间隙"，在礼的规范中训为"厕"有卑下杂厕、不登大雅之意。南朝梁著名经学家皇侃说："不正，谓五方间色也，绿、红、碧、紫、骝黄是也。"明代杨慎《丹铅余录》载："行之理有相生者，有相克者，相生为正色，相克为间色，正色，青赤黄白黑也，间色，绿红碧紫流黄也。木色青，故青者东方也。木生火，其色赤，故赤者南方也。火生土，其色黄，故黄者中央也。土生金，其色白，故白者西方也。金生水，其色黑，故黑者北方也。此五行之正色也。甲巳合而为绿，则绿者青黄之杂，以木克土故也。乙庚合而为碧，则碧者青白之杂，以金克木故也。丁壬合而为紫，则紫者赤黑之杂，以水克火故也。戊癸合而为流黄，则流黄者黄黑之杂，以水克土故也。此五行之间色也、流黄一作骝黄。又汉人经注间色作奸色，《礼记》间声作奸声。"又"五方皆有奸色，盖正色之外，杂互而成者曰奸色。犹正声之外，繁手而淫者曰奸声也。奸色即间色。"

宋代程大昌《演繁露》亦载:"正色五谓青、赤、黄、白、黑也。间色五谓绀、红、缥、紫、流黄(御览八百十四)。孟子曰:恶紫恐其乱朱。盖以正色为尚,间色为卑也。"并且"衣服间色茶褐、黑绿诸品间色,本皆北服,自开燕山始有至东都者。"(《攻媿夫人行状》)

除此之外,还有另外一种五行系统的正色与间色。《礼书》:"青、赤、玄、黄、白、黑,正色也。绿、红、碧、紫、纁、緅、缁,间色也。五行之理有相生者,有相克者,相生为正色,相克为间色。"后者所言以生克方法来确定正色与间色,是对传统五色色彩体系的补充。但在应用中,色彩一定要首选正色,这样才能美美与共,益人裕己!并且,《管子·水地》还专门写道:"素也者,五色之质也。"干净的素色,是选择五色的核心本质。正色是载道之色,可以"一正匡天下",可佑身心清明、生命焕然。

你看,衣装颜色既然可以自己做主,何乐而不为呢?

在具体应用上,古人还认为,色正则正气足,色杂则杂事多。正色一定要以素色为主,这样会导致做事干净利落,运气好。但凡色杂,做事也会杂乱。因为,色杂主诉讼是非,也包括他讼、自讼、自我纠结等势能指向。这叫"表象即表法"。

古语说"天下无礼乱穿衣",汉末开始流行的胡服(又称"服妖")就是代表。北宋沈括在其《梦溪笔谈》曰:"中国衣冠,自北齐以来,乃全用胡服。窄袖绯绿、短衣,长靴,皆胡服也。"南宋朱熹亦曰:"盖自唐初己亲五服之服矣""今世之服,大抵皆胡服,如上领衫、靴鞋之类,先王冠服扫地尽矣。中国衣冠之乱,自禁五胡,后来遂相承袭,唐接隋,隋接周,周接元魏,大抵皆胡服。"❶

而服装一乱,就意味着共同体的失序和礼仪的缺失。唐代大学者孔颖达在《春秋左传正义》中说:"中国有礼仪之大,故称夏;有服章之美谓之华。"可见,服装失去了章法,人伦礼法就会出现对应的乱象,更有滑向蛮夷的危险。就此而言,时下一些设计师设计出来的衣服,便是无形之中的乱法者。换言之,就是给时代添乱。

这叫"无知者无畏"!

因此,了解中国色彩智慧,可以纠正诸多无序的色彩认知:着装不符合礼法;背时用色。不懂得季节的时运色,而穿着与其相悖的颜色服饰,从而导致影响生命状态,但自己却不得而知。《淮南子》曰:"夫圣人者,不能生时,时至而弗失也。"就连圣人都不能产生出时运,只是时运来临时而不失去机会罢了。因此,中国文化一直强调要顺时施宜,人生要走时运,否则的话"天不得时,日月无光;地不得时,草木不长;水不得时,风浪不平;人不得时,利运不通。满腹经纶,白发不第;才疏学浅,少年登科;蛟龙未遇,潜身于鱼虾之间;君子失时,拱手于小人之下。"这是宋代宰相吕蒙正晚年对人生感悟的结晶。时运色会令人的生命活色生香,益人平安与喜乐,增上吉祥!

值得一提的是,古代还有能给人带来好运的"福色"之谓。清代大学者俞樾在其《茶香室丛钞》中记载:"国朝李斗《扬州画舫录》云:'扬郡着衣尚新样,近用膏粱红、樱桃红,

---

谓之福色，以福大将军征台匪时过扬着此色也。按福色之名今犹沿之，莫知其由福大将军得名矣。'"这里专门提及了"福色"的具体颜色所指和来由，而被谓为"福色"的膏粱红和樱桃红，从那时开始，也逐渐成为人们在喜庆活动中最首选的颜色之一。

此外，在现实生活中，常有人以生肖来确定颜色势能对人的影响，是非常不当的理解，诸君仔细研究先秦传统色彩体系便知谬误所在。

还有，干支应色是色彩智慧中更精密的诀窍所在，人们常说的起色、活色、幸运色等，均与其有密切关联。尤其要熟悉《易经》中颜色与八卦、方位等的呼应关系（图3），具体请参见拙作《中国色彩智慧》。

八卦	颜色	方位	季节
乾	金色、橙色、大赤	西北	秋天
兑	白色、银色	正西	秋天
离	红色、花色、粉色	正南	夏季
震	青色、绿色	正东	春季
巽	蓝色	东南	春季
坎	黑色、紫色	正北	冬季
艮	棕色、褐色	东北	四季末
坤	黄色、灰色	西南	四季末

图3 五色与时令对应图表

二、顺时施宜的色彩智慧

中国文化的智慧告诉我们：一切都是与时偕行的——"顺时施宜"（《汉书》）。

作为群经之首的《易经》，虽然道理庞奥，但核心却可用三个字来概括：时、位、德。只要抓住这三个字，定可透得机要。

清代李光地《御纂周易折中》曰："卦者时也，爻者位也，此圣经之明文，而历代诸儒所据以为说者，不可易也。"

上述所言，其理源于"凡益之道，与时偕行"（《易·艮》）。这句话便是中国文化"天人合一"智慧的指引，并落实在了百姓日用之中。在天气变化时，人们会穿着对应时令的衣服，农耕时人们会栽种相应的作物，中医也强调顺时采药，孔子亦强调要"食其时"。

晚唐著名诗人罗隐在《筹笔驿》中亦强调："时来天地皆同力，运去英雄不自由。"这是罗隐在四川广元途经"筹笔驿"小亭子时，遥想当年诸葛亮在此的情景时所写的一首诗。诗意是说，当年诸葛亮抛却了南阳卧龙岗，为主公刘备忧国忧天下，南征北战，奉献了最好的聪明才智。当时运来的时候，天地都给他力量，如"空城计""草船借箭"……但可惜的是，时运离去时，再大的英雄都没有用武之地。如他火烧司马懿时，本来计划很完美，但未曾想老天却在关键时刻下起了雨，让"冢虎"司马懿得以逃生……这就是古人所言的得时者为上上，失时者不堪入目。

《易经》曰："凡益之道，与时偕行"，顺时施宜是百姓日用之道的大智慧。世事无不因时势而动，四季相约而立，八方因时而明……而尊时是人们最基本的生活智慧。当年，商圣范蠡既能治国用兵，又能齐家保身，是先秦时期罕见的智者，史书言其"与时逐而不责于人"，能够顺时施宜而不责人者，方是大智慧的展现。历史上孟子也评价孔子是"圣之时者"，孔子是圣人之中最懂得时令、最能展示与时偕行并能做到顺时安命的人。

中国文化的学问，是"以人为本"的百姓日用之道，更与时色有着密切关系。例如，在不同的色彩环境中，人们会受到不同能量的影响，继而导致人们当下生命状态所获得的滋养维度也完全不同。在特定时候，某些颜色对人具有滋益性，而某些颜色却具有伤害性，而能做到"顺时施宜"便是大智慧。大自然中的变色龙，便是很好的范例。

《道德经》云："人法地，地法天，天法道，道法自然。"是说，人的一切行为，要效法大地规律的变化而顺时施宜、顺势而为，如此就会得到天地的加持而助力满愿。

色彩源于自然，而其内在规律亦法于自然。一年四季大地所呈现的颜色，亦随顺时空转换而更迭（图4）。而智者，亦相时而动。因此，中国文化中便有了数千年的色彩智慧，并且它在世界文化史中是独一无二的！

图4　北京社稷坛五色土

《诗经》曰："有物有则"，当然颜色也不例外。

中国古代早就有着自己独特的颜色系统，从不同朝代到具体年景和季节，都有着明确的法则。且不论商朝白色、周朝红色、秦朝黑色、汉朝黄色等这些耳熟能详的历史颜色规律，单就季节而言，每个季节就有每个季节的时运色（时令色），并且古往今来万变不离其宗——春青，夏赤，秋金，冬墨。

秦代制定官服为三品，最上为紫，居中为赤，最下为绿。而《汉书》里也记载相国、丞相是金印紫绶。南北朝时期的典籍《世说新语》记载有"吾闻丈夫处世，当带金佩紫"，说明在那个年代紫色是尊贵的一种颜色。

由此可见，在不同时候，某些特定的色彩是人生某种运气的标志，它有着兴衰荣毁的指向性。

就颜色而言，小到季节，大到年景，都有着其不同天时的时运色，也就是人们说的"走运色"。

智慧的人都会顺时而为，借助天地力量的加持而助其成功。每年的时运色都有所不同，其势能可益人平安与喜乐，可佑生命活色生香。

"衣正色，裳间色"（《礼记·玉藻》）。即是告诉我们在颜色应用中首选是正色，其次是间色（正色之外的杂色）。因为正色是载道之色，不仅优雅、朴素、庄重，而且有"一正匡天下"的力量，这在古代是最基本的通识。例如，我国传统启蒙教材、南宋王应麟所著的《三字经》是最常见儿童启蒙必读书，其中便有"青赤黄，及黑白；此五色，目所识"的内容。

《孙子兵法》强调："守正出奇"。时运色的正色，对疾病的减轻也有着不可思议的助益作用。

了解了正色的重要性之后，在日用之中就尽量不要选择色彩过浅或过深的装束。因为，色彩过浅，虽能令人透出轻灵，但同时也会伴随着孱弱，令人在身、心、事象的单一或者多元维度有所对应；而色彩过重，则好比色素堆积，是淤堵现象的呈现，如影相随的是行事淤滞、身心不宁、心绪烦乱的现象。古语所说的"深青则乱紫"，即是导致混乱的佐例。

顺时施宜，智者皆能应时洽事。

每种颜色都有其对应的时令，因而在日用之中的选用，也各有侧重。天青色最宜在春季和冬季，红色和花色最宜春季和夏季，橙色和金色最喜在秋季和每个季末月份（农历的三月、六月、九月、十二月）。

"时来天地皆同力"，意为很多时候，天地的加持，比自己的努力还重要。因此，了解了时运色之后，日常着装的色彩尽量与时运色相呼应，从而让生命更加鲜亮起来。

那么，有人会问：如果遇到一些场合不方便时运色彩的装束，该如何调整呢？

对此，通常可以在相关的配饰方面呈现以上颜色，如拎包、围巾等。此外，工作环境与居家物品，也可以多多呈现这些时运色。这些时运色的出现，不仅有点缀之效，其妙用更相当于中药中的"药引子"，它可以引"药"归经，起到与时运色"同气相求"的作用。这便是中国文化中不可思议的"以虚致实"的智慧。

以上所列时运色不受年龄、性别和属相的限制，一如春天绿色的来临不受任何限制一样。但有一种特定群体是另当别论的。当代高僧净空法师在讲授《2014 净土大经科注》"舍珍妙衣，而着法服"时，曾说："出家人和受菩萨戒的居士（受戒时）着衣要避免着红黄蓝白黑五色。因为佛穿杂色衣，即袈裟。袈裟是由很多不同颜色混合在一起的，又称法服。"

此外，在花色的选择上尽量不要超过三种颜色，花色面积也尽量不要超过服饰面积的三分之一。因为花色多了，尤其是杂乱花色过多，就会导致离乱、讼非、身心不安的事象如影随形。宋代人对此早有总结："乱离人，不如太平犬"（《太平御览》），不可不慎。

还应清楚的是，仅以生肖内容来确定颜色与人运势对应的逻辑，是十分荒谬的。

最后，以拙作《时色赋》与诸君共勉：

天地有大美，万物有清音；古今淑人路，腾芳可衣衾。

坤裳有正色，与时见天心；德合天与地，祯祥润生民。

让我们的生命，一起活色生香！

本文选摘自米鸿宾《中国色彩智慧》。

青色作为中式风格学位服主色调探究

李杰

【摘　要】学位服作为学界重要礼仪服装，我国现行学位服款型服制取自西式学位服，与礼仪大国并不相称。学位服在新历史时期，需要凸显中华传统美学，挖掘创建属于本民族风格的学位礼仪服装。本文力求从正统五色之首青色入手分析其作为学位服主色的可行性，为中式学位服设计应用提供理论参考。

一、当前学位服的基本色调

学位服作为专用服装，在穿着时应符合规范，学位服是学位获得者、攻读学位者及学位授予单位的校长、学位评定委员会参加毕业典礼时穿着的礼服。

我国现行学位服中博士学位袍为黑、红两色，硕士学位袍为蓝、深蓝两色，学士学位袍为全黑色，导师学位袍为红、黑两色，校长袍为全红色。学士学位帽为方形黑色，博士学位帽流苏为红色，硕士学位帽流苏为深蓝色，校长帽流苏为黄色。垂布饰边处按文学、理学、工学、农学、医学和军事六大类分别为粉、银灰、黄、绿、白和红。

起源有说古希腊的泥瓦匠服饰，但是有确切记载的是源于1932年葡萄牙堪培拉大学学位人士穿着类似的神职人员的长袍，其与宗教有着密切关联。综合来看，我国现行学位服基本是取自西式学位服，学生袍服主色调和形制还是具有西式宗教特征。如此重要的文化礼仪主题取他国服饰，无论在民族文化振兴还是全球文化交流都属重要缺失，更是礼仪大国民族特征的弱化。孔子说："君子不可以不饰，不饰无貌，无貌不敬，不敬无礼，无礼不立。"学位服发展至今，相关文章颇多，各大院校也进行了一定的实践尝试，处于百花齐放阶段，但还是缺乏能够被大多数认可的具有系统性民族基因的学位服。从单方面入手重点突破，分析历史形成原因，追根溯源相互借鉴，进而形成系统是当前的基本研究思路。

二、学位服关联传统色彩研究梳理

国内关于学位服的传统风格研究体量上相对来说略显单薄，目前知网专业文献只有不到

20篇，虽然若干文章中也进行了五行五色阐述，但直接与色彩关联文章目前更少，基本梳理如下：

徐强的《影响中国学位服设计因素的分析》认为，当今学位服的发展将"天人合一"崇尚精神的审美观念融入进去，在开发设计学位服时，款式要体现民族特色，又不远离国际惯例；色彩采用具有民族特色的色系，于华丽、庄重之中体现二者的和谐与统一。

张玉升、谢艳萍的《我国高校学位服系统设计研究》：学位服设计以古制学位服、传统中式设计立领为方案，构建学位服系统款式库，色彩采用传统的五行色进行学位服色彩方案设计。认为五行色作为正色表示高贵，以此构建学位服色彩设计模块，根据五行色来进行不同等级学位服的设计，象征不同等级学位的内涵。

程涵的《中国现代学位服饰设计研究》认为，既符合国际惯例又具有中国特色的学位服饰体系是最佳的。提到了色彩应该根据中国五行色以及传统官员服饰色彩相结合的方式将色彩进行分配：学士服袍身为青色，硕士袍身为紫色，博士袍身为绯色，导师袍身为灰绿色，校长袍身为黑色。

季文婷的《中国学位服系统设计研究》认为，学位服遵循我国传统服装特色原则，采用中国传统的五行色设计，五种色彩的分配为：校长选择土揭色，导师选择金色，博士选择红色，硕士选择青色，学士选择黑色。而专科的学位服色为灰色，灰色是由至黑、由无至有的过渡色。

以上研究中学位服基本是以黑色为基调进行垂布饰边色彩变化，旗帜鲜明的袍服色彩中国主张较少。近几年国内有些设计类院校有几所进行了民族化设计尝试，中国美术学院、清华大学和中央美术学院等进行了尝试，但基本在原来形制上进行部分变动，尤其是色彩整体系统和风貌变化不大。所以中式学位服有必要以五行五色作为主体色彩进行探讨。中式学位探讨自己的民族原生特色和宗教追溯，色彩首当其冲应该建立色彩体系。本文从中国传统的五行五色首色青色作为切入点，期望为中式学位服的独立又相融探讨出新思路。

三、中国传统正色中的青色

中国传统的五行色正色（赤、青、黄、黑、白）包含了宗教哲学、文化艺术、自然科学等各方面的综合统一，几千年来一直影响中国人的生活方式。东方之色"青"是"中华五正色"色彩体系中一个重要组成部分，"青"作为中华"五色之始"，具有重要意义。"东方谓之青"（《周礼·考工记》）;《释名·释彩帛》说："青，生也，象物生时色。"《荀子·劝学篇》："青取之于蓝，而青于蓝。"作为龙的国度，关于龙的描述也离不开青字，《淮南子·天文训》记载："天神之贵者，莫贵于青龙，或曰天一，或曰太阴，青龙所居"，认为青龙创造天地、四维、生死、万物。青对于中国意义重大（表1）。[1]

表1 五行五色关系图表

五色 ╲ 五行	木	火	土	金	水
色彩	青	赤	黄	白	黑
排序	一二	三四	五八	七八	九十
天干	甲乙	丙丁	戊己	庚辛	壬癸
地支	寅卯	巳午	辰丑戌未	申酉	子亥
方位	东	南	中央	西	水
季节	春	夏	四季	秋	冬

学位服为了能在学位授予典礼上体现标志不同学科的各级学位，作为穿着者都是青年学子，学位的授予不是做学问的终点而是起点，象征生发，应该遵从"青，生也，象物生时色"，也是对学子的美好祝愿，青取之于蓝，而青于蓝。

四、中国古代对于青色的偏爱

（一）明清之前

作为中国人最钟爱的颜色青色认知主要来自对自然界的观察，中国瓷器的青色尤其典型。雨后天空的颜色天青色也是中国文人特别喜爱的颜色，在青色之中最为纯洁，寓意光明磊落。《五杂俎》记载："世传柴世宗时烧造，所司请其色，御批云：'雨过天青云破处，这般颜色做将来。'"说的是后周世宗柴荣仿照雨过天青色命人烧造瓷器。"君子之心事，天青日白，不可使人不知""包青天"的称呼也是借用了天青色的"正直光明"的意义。

周代《礼记·月令》中记载："孟春之月……天子居青阳左个，乘鸾路，驾仓龙，载青旂，衣青衣，服仓玉，食麦与羊。其器疏以达"。《东观汉记·礼志》载："敕立春之日，京都百官皆衣青衣，令史皆服青帻"。历史上王公贵族都是要以青衣迎春。

除金文中所见青色，古籍文献中对于服饰青色也有记载。《周礼·考工记》中说："青与赤谓之文，赤与白谓之章，黑与青谓之黼，五彩备谓之黻"，指的是青、赤、白、黑四种色彩，花纹可以两色组合而成，分别为文章黼黻；这里的文章指的是纹，此处青色所谓"文章"的颜色，用于装饰服装下裳。

全唐诗的色彩字频分析中除了白色，青色是使用最高的有色系，色彩字频为11277次[1]。

关于礼制配饰中的玉器也多有描述。"君子无故与不离身"，《礼记·玉藻》云："古之君子必佩玉。"我国现考证最早的玉器为黑龙江小南山遗存玉器距今约7500年，玉器的颜色已

---

[1] 大数据分析5万首《全唐诗》，发现了这些秘密。

经包含了青色[2]。玉的配合使得青色在礼服中被赋予重要神性，具有沟通生死和连接天地之意。

（二）明清时期

青色在明清的文人服饰中尤为突出，青色逐渐成为人格的象征。明初有严格的服饰等级制度，据《万历新昌县志》记载："成化以前，平民不论贫富，皆遵国制，顶平定巾，青衣直身。"晚明时期，服饰象征性更强，成为表达自我的手段。《万历新编余姚县志》记述浙江绍兴府平民，已是"趋奇诡异"，甚至"饰以王服"。《长物志》中"红色如珊瑚，然非幽斋所宜，本色者最雅"，认为本色的才最雅，这里的本色一是指物的本身材质色，二是指与环境相吻合色。文震亨欣赏"寒月小斋中制布帐于窗槛之上，青紫二色可用"，这里面的青紫二色可用，意思是这俩色就可以了，不需要太多繁杂的色彩。关于"衣冠制度，必与时宜。吾侪既不能披鹑带索，又不当欲缀垂珠，要须夏葛冬裘，被服娴雅，居城市有儒者之风，入山林有隐逸之象。若徒染五彩，饰文缋，与铜山金穴之子侈靡门丽，亦岂诗人粲粲衣服之旨乎？"表达了对"铜嵁穴"的奢侈人士的反感，认为士大夫应该保持自身清雅脱俗的服饰风格。

清代黑色长衫与黑色海青也是遵循明朝士大夫常穿道袍道服制改作的，成为上层或文化人士的主要衣着，清朝后期乃至民国时期中国人以此为常礼服，青布长衫往往是知识阶层的标配。

五、儒道两家尚青

儒家提倡正统、中庸。"诸色之中，唯青色最宜于人眼。"[3]《论语·阳货篇》子曰："恶紫之夺朱也，恶郑声之乱雅乐也，恶利口之覆邦家者。"孔子说："我厌恶紫色取代了朱色，厌恶郑声扰乱了雅乐，厌恶那种口齿之利倾覆国家的人。"儒家尚正统，《论语义疏》："正，谓青赤黄白黑五方正色。不正，谓五方间色，绿红碧紫骝黄色是也。"孔府旧藏中有一件明代蓝色暗花纱单袍，该纱单袍虽称为"蓝"，但是属于传统正色中的青色。

道家审美讲究道法自然。认为不是在感官上看到外在事物的美，美是在人内心世界体验和主观感受，讲究的是自然之道中达到天人感应、物我合一的状态。老庄用"纯素"或"朴素"两个字加以概括追求人生。

宋代文人士大夫喜着道服，"道家者流，衣裳楚楚。君子服之，逍遥是与"。《清规玄妙》云："凡全真服色，惟青为主，青为东方甲乙木，泰卦之位，又为青龙生旺之气，是以东华帝君之后脉。有木青泰之喻言，隐藏全真性命双修之义也。"道袍在明代的时候非常流行，《明史·舆服志》云："道士，常服青。"道家选择青色作为常服颜色。2015 年 2 月 9 日，位于首尔的韩国中央大学为该校传统艺术学系的毕业生举行了学位授予仪式，毕业生们身穿朝鲜时代士大夫的"鹤氅"服参加了毕业典礼，袍服主色调采用了白色，右衽，黑色缘边，黑色四方巾道冠，"鹤氅"就是中国传统道家服饰；导师服袍服采用青瓷色，黑色四方巾道冠。这里的道袍式学位服隐喻具有"不与俗移"的文人风骨，不追逐世俗潮流，保持自己的衣冠和人格不变，这其实也是学习人特立独行的修行表现。可见道服被东方广泛认可，也可见青色在道服中的分量。

六、结语

中国风格学位服作为礼仪服装，属于华服的范畴。元王元亮《唐律名例疏议释义》："中华者，中国也。亲被王教，自属中国，衣冠威仪，习俗孝悌，居身礼仪，故谓之中华。"学位服本身也是具有重要寓意的特殊服饰，设计体现中国学者风范的学位服，需要进一步深挖传统服饰文化内涵，融合民族审美理想，激发民族文化的传承与认同。[4]青色无论本身作为五行之首和生发之意，还是历代文人雅士进而儒道传达精神的象征，对于中式学位服和华服的发展具有巨大的应用价值和历史价值。尽管对青色的描述很多，但是古代色彩具有很强的主观审美感受，色彩名称写意唯美浪漫但太模糊不能量化。"青"在众多词典中解释也并不完全一致，传统色彩指向性不够明确，人们对于表达其色彩含义的认识也大多含糊不清。所以传承分析，探索出其核心面貌，研究"青色"的色彩大类进而科学量化，将会推进学位服色彩的创新和广泛应用。

［1］孙宏安.中国传统文化中的青色释析［J］.大连教育学院学报，2019，35（2）.

［2］刘国祥.黑龙江史前玉器研究［J］.中国历史博物馆馆刊，2000（1）.

［3］马麟春.传统文化视野下的青色审美文化略论［J］.山东教育学院学报，2011（2）.

［4］潘鲁生.谈谈学位服［J］.中国政协，2021（8）.

中国传统色彩理论基础及其对服饰的影响

杨长远　潘梅

【摘　要】中国传统色彩观念，是中国古人根据天玄地黄之色相以及大自然季节变换色彩受启发产生的，并引入相生相克的"五行"哲学，演变为青赤黄白黑的五色观，在此基础上，来建立社会的服饰制度，确定了社会各阶层的服饰色彩，尽管各历史时期略有变化，但这种观念和制度一直延续到封建社会末期，直至影响到今天中国广大民众的日常生活。

关于中国传统色彩理论基础，是怎样产生的，又是如何影响到中国传统服饰的，明末清初宋应星在《天工开物·彰施》中说："霄汉之间云霞异色，阎浮之内花叶殊形，天垂象而圣人则之，以五彩彰施于五色，有虞氏岂无所用心哉？飞禽众而凤则丹，走兽盈而麟则碧，夫林林青衣，望阙而拜黄朱也，其义亦犹是矣。君子曰：'甘受和，白受彩。'世间丝、麻、裘、褐皆具素质，而使殊颜异色得以尚焉。谓造物而不劳心者，吾不信也。"

先解释一下这段文字，"阎浮"，是从印度古梵语中借用过来，指中华及东方诸国，引申为大地。《辞源》："【阎浮提】梵语，即南赡部洲。或译赡部洲、剡浮洲、谵浮训、澹部洲。阎浮，树名。提即'提鞞波'之略，义译为洲"。

"天垂象而圣人则之"，就是上天造化显示呈现出各种形象和颜色，聪明睿智的人，能够模仿效法大自然呈现的各种形色。

"有虞氏"就是舜帝。《尚书·益稷》中记他召见大禹时说："予欲宣力于四方，汝为……以五彩彰施于五色作服，汝明。"

"飞禽众而凤则丹，走兽盈而麟则碧。"凤凰和麒麟本来是禽兽中的出类拔萃者，这里指上流社会。

"夫林林青衣望阙而拜黄朱也，其义亦犹是矣。"林林青衣，指平民百姓，因为平民百姓的服饰多为青色。阙，指帝后宫室；望，是指仰望，瞻望；拜指崇拜、瞻拜；黄朱，指高贵的黄色和红色。也就是说下层社会在服饰上要服从和崇敬上层社会，不能混淆彼此界限，更不得僭越。

宋应星的这段话，显然是儒家君臣、父子、夫妇等级观念和礼乐制度的反映，我国几千年来的奴隶社会、皇权帝制社会就是靠这种思想和制度来维持的。它为我们提供了对于我国古代在色彩观念上的三点启发：一是天地自然之色，是中国上层社会特别是天子皇帝服饰色彩的效仿对象；二是古人认为青赤黄白黑是正色，并分别与五行、五方、五时相匹配，木—春天—东方—青色，火—夏天—南方—赤色，土—长夏—中心—黄色，金—秋天—西方—白色，水—冬天—北方—黑色；三是确立了社会不同角色的服色等级观念。色彩艳丽的凤凰和纹饰美观的麒麟，代表上层社会人士的服饰，而青衣则代表广大下层社会民众的着装。

中国古代服饰色彩制度的建立，基本上是基于上面三种观念。下面从具体情况来看，这三种观念是如何影响我国传统服饰色彩的。

一、法天象地而产生的古代帝王玄衣纁裳

什么是玄纁？《辞源》是这样解释玄的："天青色。黑深而玄浅。泛指黑色。"纁："浅红色。"根据这种解释，玄就是黑色，纁就是浅红色。据古代文献记载，天子皇帝的冠、上衣为黑色，下裳为浅红色，有时也称绛色。如清代孙楷《秦会要·舆服·天子冠服》说："秦除六冕之制，唯为玄衣绛裳，一具而已。……始皇二十六年，衣服上黑"。也就是说黑是代表天的颜色，浅红后来改为黄，是代表地的颜色。而且古人认为，青、赤、黄、白、黑为正色，既然如此，那为什么我国古人不直接用黑黄而要用玄纁二字呢？要了解这一点，先要看看古人对玄纁二字的解释。东汉许慎在《说文解字》中对玄字的解释为："玄，幽远也，黑而有赤色者为玄，象幽而入覆之也"。

显然，这种解释带有浓厚的哲学意味。我国古人看颜色或其他事物，往往都是从哲学或伦理学出发的。由一个自然物中引申出无限广泛的社会意义。比如玄，正因为它是幽远的，就延伸出："玄之又玄，众妙之门"，玄妙无极，玄远、幽渺、幽暗、幽深、幽迥、幽默、幽夐、幽幽等一系列词汇。由这些词汇，人们的心理上可以联想到神秘、无限、辽阔、永恒、长久、生发、延伸、扩展、上升、飞腾等意象，这与《易经》中"生生不息"的哲学观念是一致。而黑字呢？它给人的印象是黑暗、深谷、黑洞、地狱、监牢、跌落、死亡、幽魂的意象。所以，用玄而不用黑，它反映了我国古人对天的敬意和借助天的伟力，来寄托自己对于生命的无限期待，也折射出我国古人的天人合一的哲学观念。

而"纁"则为浅绛色，《仪礼·士冠礼》郑注："纁裳，浅绛裳。凡染绛，一入谓之縓，再入谓之赪，三入谓之纁。"但为什么到唐代贾公彦又把浅绛色的纁，说成是黄色呢？他在《周礼疏》中说："玄衣纁裳者，见《易·系辞》'黄帝、尧、舜，垂衣裳。'盖取诸乾坤，乾为天，其色玄。坤为地，其色黄。但土无正位，托于南方火，赤色，赤与黄即是纁色。故以纁为名也"。尽管他说出了"赤与黄即是纁色"的特性，但他的主要根据还是《易·系辞》中"乾天坤地"和五色属五行的说法。改用"赤与黄"来代替之前的"浅红色"或"绛色"。其实，上层社会用黄色来代替"浅红色"或"绛色"，还是隋唐以来的事，在这之前，黄色并不高贵。古人根据土克水的观念，特意用黄色作为划船水手的衣服，称这些水手为"黄头郎"。帝王宫廷中不常用，只是到东汉张角兄弟起义，提出"苍天已死，黄天当立"的口

号，他们衣黄色。曹操封魏王，开启了帝王服黄色的先例，但并未形成惯例。隋唐两代帝王正式确立皇室用黄色，这可能与他们的鲜卑血统成分有关，北方民族自古就喜爱黄金，出土的北方民族的文物，有不少金器，对这种明晃晃的色彩的偏好，会长期地保持在他们的文化基因一代一代地遗传下来。考古发现的史前到明清的北方民族文物已证实这一点。加上五行中黄色属土地之色，土居中央，正是天子皇帝之所，坐镇中央，统领四方，所以黄色为贵，皇权帝制社会的后期，黄色成了皇室的垄断之色，下层百姓不能用，违者杀头，皇帝为了笼络人心，赏一件黄马褂，表示皇恩浩荡，有的胆小还不敢穿，只是把它当圣物供起来。

中国历代帝王的衮服是玄衣纁裳，历史文献是这样记载的。史前的三皇五帝服饰，虽然后代文献及图画中有他们着衮冕的描述及表现，但那却是周代以来文人画师们想当然的编造，因为史前时期人们还没有这样的阶级分化和服饰技艺。夏商时期，帝王等上层社会的服饰，虽然文献有记载，如《诗经·商颂》中："龙旂十乘"《玄鸟》；"受小球大球，为下国缀旒""武王载旆"《长发》。出土文物也有表现，如三星堆遗址中青铜立人像所着服饰款式及纹饰，但没有色彩方面的确切信息呈现。真正让我们感受到古代帝王服饰的确切色彩的是周代文献，《周礼注疏》卷七中记："司裘掌为大裘，以共（供）王祀天之服。注：郑司农云：大裘，黑羔裘，服以祀天。注释曰：先郑知大裘黑羔裘者，祭服皆玄上纁下"。

又，《周礼注疏》卷八："染人掌染丝帛，春暴练，夏纁玄，秋染夏，冬献功。汉·郑玄注：玄纁者，天地之色，以为祭服"。

从以上文字可以知道，周代已设立有专为天子祭祀天地的黑色大裘的机构，以及染练丝帛的人员。玄衣纁裳不仅是天子的服色，而且也是士人的礼服色。我国古代人生中有冠婚丧祭四大礼仪活动。人到成年，男要戴冠，女要插笄。都有一套仪式，男子冠礼仪式中，不仅主人（授冠者）要戴玄冠，（受冠者）也要易服，服玄冠，玄端。《仪礼·士冠礼》中，就记录古代士子加冠仪式中人物的服装色彩：授冠者"主人玄冠，朝服。缁带素韠。注：衣不言色，衣与冠同也"；受冠者"乃易服，服玄冠，玄端、爵韠，奠挚见于君"。缁带，黑色的腰带。玄端，是用黑色布帛直裁缝制的礼服。

比较冠礼来，婚礼更为隆重，参加仪式的人物服饰特征也更为鲜明突出。《仪礼·士昏礼》中记载："使者玄端至。""纳征，玄纁束帛、俪皮，如纳吉礼。""主人爵弁，纁裳，缁袘。从者毕玄端，乘墨车，从车二乘，执烛前马。""女次，纯衣纁袡，立于房中，南面。""姆纚、笄、宵衣，在其右。""女从者毕袗玄，纚笄，被颖黼，在其后。"从这些记录来看，在婚礼中，使者也就是我们今天说的撮合人、中间人、媒人。新郎，新娘，送亲的保姆、姊妹等人的穿着，甚至礼品的包装，都要用象征天地的玄、纁二色。

至于丧葬仪式中所用的颜色，因其具有特殊的含义，在最后一节民俗中的色彩中再说。

秦代进行了帝王衮服的改革，但仍坚持了玄衣、衣服上黑的颜色。

汉袭秦制，仍保持了衣裳玄上纁下的特色。汉代卫宏《汉官旧仪·补遗》记："孝文帝时，博士七十余人，朝服，玄端，章甫冠"。《后汉书·舆服志下》记："天子、三公、九卿、特进侯、侍祠侯，祀天地明堂，皆冠旒冕，衣裳玄上纁下"。

魏晋两朝是中原人当政，自然继承古代服饰制度不说，即便是各少数民族政权，也纷纷效仿古代华夏服饰制度，穿起玄衣纁裳，如后赵石虎，据晋人陆翙《邺中记》记："石虎正会于正殿，南面临轩，施流苏帐，皆窃拟礼制。整法服，冠通天，佩玉玺，玄衣纁裳"。

到了北魏，服饰改革更加彻底，据元代释觉岸《释氏稽古略》卷二记："高祖孝文帝宏即位，年五岁。在位二十九年。迁都洛阳。去胡衣冠，绝虏语，尊华风，初服衮冕朝飨"。逃到南方的中原上层人士，尽管朝廷改了好几代，但仍以正统自居，没丢弃中原的服饰制度。如《南朝·宋书·礼志五》记："泰始四年八月甲寅，诏曰：朕以大冕纯玉缫，玄衣黄裳，乘玉辂，效祀天"。这一时期，南北朝各政权都用服饰上的标志来维持自己的统治地位，这也说明，中华民族多元一体的内在特征。

经过数百年的南北分治，政权多次更替，到了隋朝，中国又实现统一。社会秩序开始恢复，车服制度重新整治。如杜佑在《通典·君臣服章制度》中记："隋文帝即位，将改后周制度……皇太子衮服，玄衣纁裳。"

《旧唐书·舆服志》记："唐制，天子衣服，有大裘之冕……十二等……衮冕……玄衣纁裳。"

经过五代十国动荡之后的宋代，更是以复古为己任。宋人欧阳修《太常因革礼·总例二十三·舆服》中记："天子之制……玄衣纁裳"。

与宋代同一时期的辽、金政权，与早期的北方民族上层社会一样，也吸收了中原文化，服饰上更是自觉地靠拢。如辽朝，《辽史·仪卫志》记："唐、晋文物，辽则用之……衮冕，玄衣纁裳"。

金朝也如此，金人宇文懋昭《重订金国史》卷三记："迨御座衣玄纁服，衮冕"。

到了元朝，南北实现第三次统一，执政者虽然是蒙古族为主，但为了显示自己的正统地位，服饰上也要向中原看齐。《元史·舆服志》就记："冕服。天子冕服，衮冕，制以漆纱，上覆曰綖，青衣朱里……至延祐七年，八月……依秘书监所藏前代旁衮服法服图本，命有司制如其式"。

至明代，朱氏皇室更是以正统华夏后裔自居，彻底地恢复汉唐衣冠制度。《明会典·礼部十八·冠服》记："衮服……衣玄色，……裳黄色"。

清代东北满族入主中原，仍与他们的先辈一样，要用中原的服制服色来标榜自己的正统合法地位。陈康祺的《郎潜纪闻》卷五《国初衣冠尚沿明制》记："国初，周监殷礼，衣冠服物，尚有沿袭明制者"。

从以上文献来看，从夏商周三代到后来历朝历代，不论是中原华夏，还是边陲四夷，当了天子皇帝，他的礼服，皆以象征天地之色的玄纁两色来制作上衣下裳。为什么天子皇帝要穿象征天地颜色的服饰呢？因为御用文人认为，帝王是天子，是上天委派下来替它管理天地之间人世事务的，所以天子就要穿象征天地之色的服饰，表示他的正统地位。服色就像是一种信符，代表天在行事。至于后妃，是天子的配偶，当然也要穿象征天地之色的服饰，而王公卿相等官员，是辅佐帝王的，仆要随主，自然礼服也要用天地之色。这一规定带有愚民和垄断性质，但是也反映了我国古代法天象地、遵循自然、天人合一的观念。

二、由五行衍生出来的五方、五时、五色

中国古人说的五色为青、赤、黄、白、黑，分别代表东南中西北五方之色。《考工记·画缋》："画缋之事，杂五色。东方谓之青，南方谓之赤，西方谓之白，北方谓之黑，天谓之玄，地谓之黄"。

为了适应五方、五色之需，古人又特意把四季分为五季，即春、夏、大暑、秋、冬。《南朝·宋书·礼志》记："太史每岁上其年历。先立春立夏大暑立秋立冬，常读五时令。皇帝所服，名随五时之色"。

这样就形成了中国古代以五行为基础、以五方为范围、以五色为标志的循环体系。而帝王每一次穿的郊祭礼服颜色，也必须要按照这一体系来制定一套制度，与自然运行规律相一致。

《吕氏春秋》记："孟春……其帝太皞，其神句芒……天子居青阳左个，乘鸾辂，驾苍龙，载青旂，衣青衣，服青玉……立春之日，天子亲率三公九卿诸侯大夫以迎春于东郊""孟夏……其帝炎帝，其神祝融……天子居明堂左个，乘朱辂，驾赤马骝，载赤旂，衣赤衣，服赤玉……立夏之日，天子亲率三公九卿诸侯大夫以迎夏于南郊""孟秋……其帝少皞，其神蓐收……天子居总章左个，乘戎辂，驾白骆，载白旂，衣白衣，服白玉……立秋之日，天子亲率三公九卿诸侯大夫以迎秋于西郊""孟冬……其帝颛顼，其神玄冥……天子居玄堂左个，乘玄辂，驾铁骊，载玄旂，衣黑衣，服玄玉……立冬之日，天子亲率三公九卿诸侯大夫以迎冬于北郊"。

这里记的是古代神话中的帝王在郊祭时的服色，究竟夏商周天子们是否如此，史籍没有留下确切记录，但《礼记·檀弓上》记："夏后氏尚黑，大事敛用昏，戎事乘骊，牲用玄。殷人尚白，大事敛用日中，戎事乘翰，牲用白。周人尚赤，大事敛用日出，戎事乘騵，牲用骍"。《礼记·明堂位》也记："殷之大白，周之大赤。夏后氏骆马黑鬣，殷人白马黑首，周人黄马蕃鬣。夏后氏牲尚黑，殷尚白，周骍刚"。出土的甲骨文及《诗经》中的一些篇章，也证明了商人尚白，周人尚赤的习俗。

从汉到清，历代帝王祭祀天地和五方之神，无一不是按照五行体系来决定服色的。东汉应劭《汉官仪卷下》记："天子东耕之日，亲率三公九卿，戴青帻，冠青衣，载青旗，驾青龙，公卿以下车驾如常法，往出种堂。"《后汉书·舆服志下》也记："五郊各如方色。"

正因为正色为青、黄、赤、白、黑，而红、紫和绿、碧、骝为间色，所以人们的服色必须要用正色，不能用间色。孔子就特别在意人们的服饰色彩，《论语·乡党》说："君子不以

绀緅饰。红紫不以为亵服……羔裘玄冠不以吊"。绀，天青色。"緅"（緅），深青透红的颜色，属间色。亵衣，就是私居时穿的衣服，相当于现代人的内衣、睡衣。所以孔子不以绀緅（緅）色来做衣服的缘饰，也不用红紫色来做内衣、睡衣。但实际上后来发生了变化，据明人陈士元《论语类考·冠服考第二》引齐孟龙、杜佑等人的说法称：汉代贵族官僚燕居时就穿青紫色，北魏拓跋氏朝服也用紫、绿、绯。隋唐两代皇室官员命服也用紫、绯、绿等颜色。

五行相生相克的观念，又衍出用古代朝代更替、以帝王之德来确立当朝服色的标准。《孔子家语·五帝》中：孔子曰："昔丘也闻诸老聃曰：'天有五行，木、火、金、水、土，分时化育，以成万物，其神谓之五帝。'古之王者，易代而改号，取法五行。五行更王，终始相生，亦象其义。故其为明王者，而死配五行。是以太皞配木，炎帝配火，黄帝配土，少皞配金，颛顼配水"。

《吕氏春秋·有始览》中记："凡帝王者之将兴也，天必先见祥乎其下民。黄帝之时，天先见大螾大蝼。黄帝曰土气胜，土气胜，故其色尚黄。其事则土（则，法也。法土色尚黄）。及禹之时，天先见草木秋冬不杀。禹曰木气胜，木气胜，故其色尚青。其事则木（法木色青）。及汤之时，天先见金刃生于水，汤曰金气胜，金气胜，故其色尚白（法金色白）。其事则金。及文王之时，天先见火，赤乌衔丹书集于周社，文王曰火气胜，火气胜，故其色尚赤。其事则火（法火色赤）。代火者必将水，天且先见水气胜，水气胜，故其色尚黑。其事则水。"

在这一理论体系指导下，秦始皇灭六国后，因以水德王天下，水属北方，为玄为黑。孙楷《秦会要·舆服·天子冠服》中记："始皇二十六年，衣服上黑"。又该书《舆服·百官冠服》记秦王朝百官："司空骑吏皂裤，因秦水行"。

由此可知秦人衣尚黑色的根据，是因为周代属火、其色赤，按水克火的规律，秦人代周，自然是以水代火了。

但后代帝王也有违反五行运行规律的举动，完全按照当时的政治需求来确定服色的。据汉代刘珍《东观汉记·世祖光武皇帝纪》称："建武元年夏六月己未即皇帝位……二年春，正月益吴汉邓禹等封，自汉草创，德运正朔，服色未有所定，高祖以十月为正，以汉水德，立北畤而祠黑帝。至孝文贾谊、公孙臣，以为秦水德，汉当为土德，至孝武，倪宽、司马迁，就从土德。自帝即位，按图谶推五运，汉为火德，周苍汉赤。木生火，赤代苍，故帝都洛阳，制兆于城南七里，北郊四里，行夏之时，时以平旦，服色牺牲尚黑。明火德之运，常服徽帜尚赤，四时随色，季夏黄色。"汉代应劭《汉官仪》卷上也记："司空骑吏以下皂裤，因秦水行，今汉家火行，宜用绛裤"。

宋人徐天麟《西汉会要·礼八·祭服》记："文帝郊见五帝祠，衣皆上赤。按是时虽尚水德，以有赤帝子之符，故祠衣上赤"。

明人吕毖《事物初略》引晋《舆服志》曰："汉置五郊，天子与各执事服，各如其方色，百官无职事者，服常服，绛衣以从。魏秦静曰：汉承秦，乃改六冕之制，但无冠，绛衣而已"。

汉代刘珍《东观汉记·世祖光武皇帝纪》说："光武皇帝……深念良久，天变已成，遂市兵弩，绛衣赤帻。"由此可知刘秀以高祖刘邦以火德王天下，称赤帝子，故以绛衣赤帻为号，举行起义活动，恢复刘汉江山。

另外，自春秋以来，礼崩乐坏，社会秩序混乱，这也是人们思想解放，追求自由个性的表现，文化上有百家争鸣，在服饰服色上也出现发生了变化。《韩非子·外储说》记："齐桓公好服紫，一国尽服紫。当是时也，五素不得一紫。桓公患之，谓管仲曰：寡人好服紫，紫贵甚，一国百姓好服紫不已，寡人奈何？管仲曰：君欲止之，何不试勿衣紫也？谓左右曰：吾甚恶紫之臭。于是左右适有衣紫而进者，公必曰：少却，吾恶紫臭。公曰：诺。于是日，郎中莫衣紫；期明日，国中莫衣紫；三日，境内莫衣紫也"。

晋人王嘉在《拾遗记·前汉下》中也说："汉成帝好微行，于太液池傍起宵游宫，以漆为柱，铺黑绨之幕，器服乘舆，皆尚黑色。既悦于暗行，憎灯烛之照。宫中美御，皆服皂色，白班婕妤已下，咸带玄绶，簪珮虽如锦绣，更以木兰纱绡罩之"。这些都足以说明，尽管有各个王朝都有一系列的服饰制度，但对于一些另类的帝王来说，这些制度形同虚设。

三、以不同服色来标识不同的社会等级

其实，在人类初期，人们生活在不同的环境中，其服装式样和颜色都是十分丰富的，中国古代也不例外，即使到了制定有服饰制度的商周时代，人们的服装也多姿多彩。《诗经》有不少句子，是反映商周时代人们着装服色的，如《国风》中：

"素丝五纮、素丝五緎、素丝五总"《召南·羔羊》

"绿兮衣兮，绿衣黄里……绿兮衣兮，绿衣黄裳"《邶·绿衣》

"缁衣之宜兮……缁衣之好兮……缁衣之席兮"《郑·缁衣》

"青青子衿……青青子佩"《郑·子衿》

"缟衣綦巾……缟衣如蘑"《郑·出其东门》

"素衣朱襮……素衣朱绣"《唐·扬之水》

"羔裘如膏"《桧·羔裘》

"庶见素冠兮……庶见素衣兮……庶见素韠兮"《桧·素冠》守孝之服

"载玄载黄，我朱孔阳，为公子裳"《豳·七月》

"赤舄几几"《豳·狼跋》

从这些诗歌句子中可以看出，商周时期的服色有白、黑、青、绿、红、黄等。

《诗经》主要反映了当时北方各国的生活情景，而《楚辞》则是南方楚国社会生活的写照。其中描述人们的衣着则更为绚丽华美。

"扈江离与辟芷兮，纫秋兰以为佩……制芰荷以为衣兮，集芙蓉以为裳"《离骚》

"灵偃蹇兮姣服，芳菲菲兮满堂"《九歌·东皇太一》

"浴兰汤兮沐芳，华采衣兮若英"《九歌·云中君》

"薜荔拍兮蕙绸，荪桡兮兰旌"《九歌·湘君》

"灵衣兮被被，玉佩兮陆离"《九歌·大司命》

"荷衣兮蕙带，倏而来兮忽而逝"《九歌·少司命》

"翾飞兮翠曾，展诗兮会舞……青云衣兮白霓裳"《九歌·东君》

"若有人兮山之阿，被薜荔兮带女萝……被石兰兮带杜蘅"《山鬼》

"余幼好此奇服兮，年既老而不衰"《九章·涉江》

"解萹薄与杂菜兮，备以为交佩，佩缤纷以缭转兮"《九章·思美人》

"五色杂而炫耀，服偃蹇以低昂"《远游》

"纂组绮缟，结琦璜些……被文服纤，丽而不奇些……放陈组缨，斑其相纷些"《招魂》

以上诗句，不仅反映了楚国服饰的各种式样，也表现出十分丰富、非常艳丽的色彩。由此看来，尽管上层社会有严格的礼乐制度，包括服制服色规定，但在一些地区和下层社会，人们在服装色彩上，还是比较自由的，特别是在南方，人们更是大胆狂热地追求各种色彩享受，以此来装饰自己的生活。现在西南地区的少数民族，仍然保持了这种文化基因，他们的服装款式多样，色彩艳丽，装饰华美。

随着封建皇权帝制的加强，对社会的控制更加森严，从汉代起就规定了社会各个等级的服制服色标准，人们不能随意僭越，否则将受到惩罚。下面的文献记录，证明了这一点。

宋人徐天麟在《东汉会要·舆服下》中记："上天下泽，而尊卑之分以明，观象审数，而舆服之仪以备，古先圣王所以制为车盖旗常之文，冕弁采章之饰者，岂徒以备一代之制，彰斧藻之美而已，所以明尊卑，辨等列，使之不得以相逾者也。故五舆之制一定，则乘墨栈（墨车，大夫乘、栈车，士乘）者不得拟于篆缦（卿乘夏缦）。五冕之制一立，则服希玄（希冕、玄冕）者不得僭于鷩毳（鷩冕、毳冕）。"

宋人徐天麟在《西汉会要·舆服下·臣庶衣服》中记："汉初定，与民无禁""高祖八年，贾人毋得衣锦绣绮縠絺纻罽""成帝永始四年诏，公卿列侯多畜奴婢，被服绮縠，车骑过制，申敕有司，以渐禁之。青绿民所常服，且勿止""成帝微行，私奴客皆白衣袒帻，带刀持剑"。

东汉应劭《汉官仪》卷下记："绶者，有所承受也……乘舆绶，白羽，青绛绿，五彩。诸王绶，四彩，绛地，白羽，青黄绿。侯绶，绛地，缥绀。公、侯、将军，三彩。九卿、中二千石，青绶，三彩，青白红。二千石，绶羽青地，桃花缥，三彩，黄绶、黄丝，一采……民织绶皆如式，不如式，没入官也。墨绶，羽青地，绛二彩。四百石丞、尉，皆黄大冠。萧何为相国，佩绿绶，公侯紫，卿、二千石青，令长千石黑"。

《魏书·献文六王列传》记："雍（封）表请：王公以下贱妾，悉不听用织成锦绣、金玉珠玑，违者以违旨说；奴婢悉不得衣绫绮缬，止于缦缯而已；奴则布服，并不得以金银为钗带，违者鞭一百"。

清代汪兆镛《稿本晋会要·士庶冠服·晋令》中记："士庶百工履色无过绿、青、白，奴婢履色无过纯青。侩卖者，皆当著巾，白帖额，题所侩卖者及姓名，一足著黑履，一足著白履。太康中，王宏为司隶校尉，于是检察士庶，使车服异制，庶人不得衣紫绛及绮绿锦织"。

《旧唐书·舆服志》记："及大业元年，炀帝始制诏吏部尚书牛弘、工部尚书宇文恺、兼内史侍郎虞世基、给事郎许善心、仪曹郎袁郎等宪章古则，创造衣冠，自天子逮于胥吏，章服皆有等差。始令五品以上，通服朱紫……文武官……贵贱异等，杂用五色。五品以上，通著紫袍，六品以下，兼用绯绿。胥吏以青，庶人以白，屠商以皂，士卒以黄""武德初，因隋旧制，天子谯服，亦名常服，唯以黄袍及衫，后渐用赤黄，遂禁士庶不得以赤黄为衣服杂饰。贞观四年又制，三品以上服紫，五品以上服绯，六品、七品服绿，八品、九品服以青。……妇人从夫色。龙朔二年，司礼少常伯孙茂道奏请：旧令六品、七品著绿，八品、九品著青，深青乱紫，非卑品所服，望请改八品、九品著碧。朝参之处，听兼服黄。从之"。

《新唐书·车服志》记："武德四年，始著车舆衣服之令，上得兼下，下不得拟上"。

宋代王林《燕翼诒谋录》卷一记："先是，进士参选，方解褐衣绿，是岁锡宴后五日癸酉诏，赐新进士并诸科人绿袍"。

《宋史·舆服志五》记："昉奏：近年品官绿袍及举子白襕下皆服紫色，亦请禁之。其私第便服，许紫皂衣、白袍。旧制，庶人服白，今请流外官及贡举人、庶人通许服皂……端拱二年，诏县镇场务诸色公人并庶人、商贾、伎术、不系官伶人，只许服皂、白衣，铁角衣，不得服紫。仁宗天圣三年，诏在京士庶不得衣黑褐地白花衣服，并蓝、黄、紫地撮晕花样，妇女不得将白色、褐色毛段并淡褐色匹帛制造衣服，令开封府限十日断绝。庆历七年，初，皇亲与内臣所衣紫，皆再入为里黝色。后士庶寝相效，言者以为奇衺之衣，于是禁天下衣黑紫服者。神宗熙宁九年，禁朝服紫色近黑者"。

元代统治者将治下人群分为九等，规定每个等级的人群都有严格的服色，连最底层的娼妓也不例外。元代佚名《元典章·礼部卷之二·服色》记："娼妓服色。二款……今拟妓各分等第穿着紫皂衫子，戴著冠儿。娼妓之家家长并亲属男子裹青头巾"。

明清以来，封建王朝对社会的控制更为加强，服色制度也更为细致严格。明人张卤《明制书·大明令·礼令》记："庶民男女衣服，并不得僭用金绣"。

明人王圻《三才图会·衣服》卷二记："士庶冠服。士庶戴四角巾，今改四方平定巾，杂色盘领，衣不许用黄。皂隶冠圆顶巾，衣皂衣。乐艺冠青卍字顶巾，系红绿褡裤"。

明人申时行《明会典·冠服二》记："又令僧、道服色，禅僧，茶褐常服，青绦浅红袈裟。讲僧，玉色常服，绿绦浅红袈裟。教僧，皂常服，黑绦浅红袈裟。僧官皆如之。道士，常服青。法服、朝服，皆用赤色。道官亦如之。惟僧录司官袈裟，道录司官法服、朝服，皆绿纹，饰以金""十六年，禁军民人等如有穿紫花罩甲等服，或禁门，或四外游走者，许缉事并地方人等擒拿"。

明人俞汝楫《礼部志稿·仪制司职掌·士庶巾服公使人等附》记："洪武三年定，士庶妻……服浅色团衫。五年，令凡民间妇人礼服，唯用紫染色绝，不用金绣。凡妇人袍衫，止用紫绿桃红及诸浅淡颜色，不许用大红、鸦青、黄色。带用蓝绢布"。

清代允裪《清会典则例·吏部·考功清吏司·服饰》记："康熙十一年议准，凡违例越分僭用服色者，系官革职，其违禁之物入官"。又卷六五《礼部·冠服》："崇德元年定亲王以下至臣民等，均不得用黄色及五爪龙凤，黄色段，其马饰等禁例同"。

从上面的文字中可以看出，历代封建王朝对社会各阶层的服装服色，都有严格规定，特别是到了明清两代，对下层的统治手段更加严酷，不要说普通百姓，就是达官贵人，若有违反，将受严惩。年羹尧被雍正处死，其中罪状就有违反服制服色的。如"穿四衩衣服，鹅黄佩刀荷囊。擅用黄袱。纵子穿四团龙补服"。

正是有了上述严格的服饰禁令，中国几千年来，下层社会普通百姓的衣着，特别是处于各个王朝直接控制下的中原地区的广大汉族民众，基本上都是素布青衣，除重大节日或隆重礼仪场合之外，而很少着艳丽的色彩。

四、中国传统民俗中的色彩寓意

汉代刘熙在《释名·释彩帛》中说："青，生也。象物生时色也。赤，赫也。太阳之色也。黄，晃也。犹晃晃象日光色也。白，启也。如冰启时色也。黑，晦也。如晦冥时色也。绛，工也。染之难得色，以得色为工也。紫，疵也，非正色。五色之疵瑕以惑人者也。红，绛也，白色之似绛者也。缃，桑也，如桑叶初生之色也。绿，浏也，荆泉之水，于上视之，浏然绿色，此似之也。缥，犹漂也，漂漂浅者色也。有碧缥，有天缥，有骨缥，各以其色以象言之也。缁，滓也，泥之黑者曰滓，此色然也。皂，早也，日未出时早起，视物皆黑，此色如之也"。

这段话对于我们理解中国民俗中的色彩有帮助和启迪作用。这里主要讲一下民俗中的青色、赤色、紫色、白色。

青色就是蓝色，《荀子》中："青出于蓝而胜于蓝"。有时指深绿色，如白居易诗"春来江水绿如蓝"。又指黑色，如平常人们说的藏青色。所以，青色包含有蓝、绿、黑三种色。

青衣，本来是先秦时代帝后及诸臣百官东郊春祭时穿的衣服，但自汉代以来，成为地位低下者所穿的衣服，以后成了我国民间百姓的服饰主色，宋应星在《天工开物》说的"林林青衣"，就指出了这一特点。人们平常说的青布褂、青衣、青衫、青袍、青巾、青裙、青鞋等，都是下层社会的代名词。

为什么我国民间流行青色？一是统治者制定的服饰制度规定，不让老百姓穿其他颜色；二是染色方便，中国主要染色材料为靛蓝，易栽培，产量大，便操作；三是因为青色，象征生命生长，物种繁荣。大家试想一下，春天来了，万物生长，一望无边的青绿色，由近而远地生发、延伸、扩展，生意盎然，生机勃发，充满着希望。这不就是中国百姓的心理反映吗？所以青色是最平常普通的色，却也是中国百姓的心中之色。正如刘熙所说："青，生也。象物生时色也"。这一说法，最切中中国人的心理需求。老百姓的生命意义在于家族血脉的传宗接代，生活的富足美满，便以代表生命生长、生生不息的青色来作为服色。

赤，比朱红稍浅的色，泛指红色。刘熙《释名·释彩帛》说："赤，赫也。太阳之色也"。太阳和水是生命的主要条件和基础。因为太阳象征生命的生长和旺盛，几千年来都祈盼家族血脉和民族兴盛、国家富强的民众，对于大绿大红有着特殊的偏好。这里还有一个人类的心理遗传问题。早期人类曾经依靠猎杀动物来维持生命，另外还要与外族不断发生战争，当人杀死动物和敌人时，当对方流出鲜红的血液时，胜利者的眼睛见到之后，心理上会有一种成功后的狂喜反应，后来祭祀时和打仗前，总要用动物或俘虏的血来祭旗，以此祈求猎物的获得和战争的胜利。人类对红色的崇拜心理一直遗传下来，直到今天，正因为红色寓意敌方的失败，我方的胜利，又如太阳光的炫耀和炽热，象征着如日中天的辉煌，所以一直被中国民众所喜爱，一遇好事，便要用红色来张扬，生孩子要吃红蛋，逢年过节要贴大红福字、红对联，小孩要穿红衣，结婚要贴大红喜字，礼品要剪红纸花，结婚新娘要穿红嫁衣、盖红头巾、坐大红花轿，嫁妆大半都是红色的。新郎要披红绶带、戴红花。

白色，一般用在丧葬礼中，如《仪礼·丧服》记："斩衰裳"。《仪礼·士丧礼》记："瑱，用白纩"。明代沈德符《万历野获编·列朝·白服之忌》中说："白为凶服，古来已然。汉高三军缟素是矣。"

五行中白色代表西方，中国古人认为太阳出生在东海，这里称"阳谷"，太阳出生后由三足金乌鸟托着由东方向西方进发，到了西边，降落下来，这里叫"羽渊"，是一个深深的冥界，金乌鸟将太阳交给灵龟，由灵龟背负着从西方向东方进发，直到"阳谷"，又交给金乌鸟，太阳就是由金乌鸟和灵龟互相接力，托着由东向西、由西向东这样循环运转的。屈原在《天问》中说的"鸱龟曳衔"，就是这个意思。鸱枭是商代人心目当中运送日头的三足鸟。猫头鹰在黎明迎来太阳，唤醒春天，使万物复苏。中国古人又创造出东海蓬莱三岛和西方昆仑山的神话，东方的蓬莱三岛代表新生，西方的昆仑山代表死亡，所以中国老人去世了，称"归西""驾鹤西去"，上昆仑山，往西方净土，到西方极乐世界。但西方不是一个终点，而是一个中转站。白色，又是由死到生的象征，所以，老人故去，人们都佩白色麻衣，叫斩衰，意思是父母亲去世，儿女过于悲哀，以至来不及做丧服，情急之下，用刀子将麻布斩断，连边都来不及缝。搭灵棚也是白色的。正如刘熙所说："白，启也。如冰启时色也"。冬天有白色的冰，但天一暖和冰就融化，就变为春水，滋生万物，所以叫启，即启发、启示、启迪、开启、开端的意思。丧葬礼中用白色，一是表示送老人到白色的西方世界去，二是祈望老人在天之灵，护佑子孙们不断繁衍，生生不息，千秋万代，永不中止。

但古代也有不忌白色的，如宋人程大昌《演繁露·白纱帽》记梁朝："侯景僭立时，着白纱帽而尚披青袍"。又记："宋泰始元年，群臣欲立湘东王，遂引入西台登御座著白纱帽。宋苍梧王死，王敬则取白纱帽，加萧道成首，使即祚，曰：谁敢复动，道成不肯"。六朝时期，基本尚白，这些事实说明古人并不忌白色。到元代，更是以白色为正色。据元人王恽《秋涧集》卷八六记："国朝服色尚白，今后合无令司品官，如遇天寿节，及圆坐厅事公会，迎拜宣诏，所衣裳服，一色皓白为正服。布告中外，使为定例"。

至于紫色，古人认为不是正色，但春秋以来，周室衰微，礼崩乐坏，一些诸侯王便衣紫色，如鲁桓公、齐桓公等。所以孔子就很"恶紫夺朱"。但中国传统观念中，宇宙最高层是紫微星，也就是北极星，便成了皇帝星，后来又经过民间传说和文人的宣传，认为秦始皇、汉光武帝、唐太宗等人是紫微星下凡。紫色便成为最高贵的色了，紫微星便成了皇帝的居所，而称紫宸、紫禁城，连皇帝用的印泥，也成了紫泥，皇帝下的诏书叫紫书，而紫色、紫气、紫云、紫电，也成了祥瑞吉兆，比如老子出关前，就有紫气东来，我们现代许多人家门上仍贴紫气东来，希望交好运。唐代中书省改为紫微省，做过中书舍人的白居易就有："紫薇花对紫微郎"的诗句，说最有才华的人被皇帝选为身边秘书之职。紫色的花也成了名花，如紫薇花、紫荆花、紫色牡丹等。

中国传统的色彩观念和服饰，早已随着封建帝制的倒台而成为历史。但是一个有着数千年历史并生生不息的民族，总是能够根据时代的要求，十分自信而又明智地看待自己的传统，分得清哪些是值得发扬继承的，哪些是应当摈弃的。与面料质地、服制型款等一样，色彩也是构成服饰审美的重要条件，中国古人那种法天象地、与时俱进、天人合一的色彩理念，对于当代的服装设计和生产，仍然具有启迪作用。除了人们日常生活的便装之外，在色彩的使用和搭配上，起码应考虑以下五个方面：色彩的礼仪性，色彩的职业、年龄、性别的标志性，色彩与时间、季节的适应性，色彩与环境的协调性，色彩的民族特性。

［1］李之檀，谢大勇.中华大典·艺术典服饰艺术分典［M］.长沙：岳麓书社，2017.

［2］闻人军.考工记译注［M］.上海：上海古籍出版社，2012.

［3］宋应星.天工开物［M］.上海：上海古籍出版社，2012.

［4］高享.诗经今注［M］.上海：上海古籍出版社，2012.

［5］楚辞全译［M］.黄寿旗，梅桐生，译注.贵阳：贵州人民出版社，1995.

［6］孔子家语［M］.王国轩，王秀梅，译注.北京：中华书局，2016.

［7］汪涛.颜色与祭祀［M］.郅晓娜，译.上海：上海古籍出版社，2014.

［8］王小盾.经典之前的中国智慧［M］.北京：北京大学出版社，2016.

福建畲族服饰色彩研究

沈杨昆　陈栩

【摘　要】畲族是福建省人口最多的少数民族，畲族服饰上丰富的色彩与畲族人民的生活环境、民族性格和审美情趣密切相关。本文通过文献研究探索畲族服饰色彩变迁的规律，畲族服饰上的色彩经过由蓝到黑、由简到繁的变化，并通过实证研究提取不同形制畲族服饰上的色彩，分析其用色特点与色彩内涵，展现畲族服饰色彩的配色原理，传达服饰色彩蕴藏的文化意义。

一、福建畲族服饰色彩变迁

作为一个古老的少数民族，畲族人民经历了辗转迁徙，依旧保留了鲜明的民族特色。福建畲族传统服饰绚丽斑斓、丰富多彩，具有悠久的历史和丰富的文化内涵，是少数民族服饰文化的优秀代表，其在不断的融合与变化中发展，成为东南一隅独具特色的服饰。福建省畲族人民主要居住在山区，其村落大多交错杂处于汉族村落之中，人口分布形成"大分散、小聚居"的分布格局。畲族没有自己的文字，其遗物、遗迹、传统习俗及其他文化载体成为研究该民族历史发展的主要依据，对其保护、传承和发展具有重要的意义。福建畲族女性服饰因其地域的区隔而形成"十里不同风，百里不同俗"的特点，可以分为连罗式、福安式、福鼎式（霞浦东路式）、霞浦式（霞浦西路式）、顺昌式等形制，这些形制既有共性又有个性，既一脉相承又各具特色。相对于单一种类的非物质文化遗产，畲族服饰类非物质文化遗产具有一定的整体性和连贯性，畲族服饰的文化承载着服饰的形制、色彩、质地、纹饰及制作工艺，而且以象征和隐喻的方式记述着民族文化发展史，其中包括人生礼仪、宗教信仰、神话传说、民族认同等文化内涵。

（一）古代服色

史料记载，畲族人"男女椎髻跣足"[1]，衣尚青、蓝色，着自织麻布，男子短衫，"不巾不帽"；妇女则高髻重缨，头戴竹冠蒙布，饰呈缨络状。据古籍《后汉书》卷86《南蛮西南夷列传》中记载，畲族先民"织绩木皮、染以草实、好五色衣服"[2]。这里对畲族服饰色彩的描述是五色，即"青、赤、黄、白、黑"，分别代表木、火、土、金、水。笔者认为，《后汉书·南蛮传》中提及的畲族服饰五色应该是对色彩斑斓的统称，未必是指传统五行里的五色。《建阳县志》卷 2《舆地志·附畲民风俗》载："男子服饰、职业与汉人略同。女子不缠足，不施膏泽，无金银佩饰，服色唯蓝、青与白。"

畲族服饰在民族长期的迁徙过程中发生变迁，畲族先民往往就地取材进行织造、编织、染色、刺绣等手工艺活动。他们用便于采摘、易于染整的自然界的草木果实，将其捣烂成汁后制成色彩原料，对于少数民族而言，五色未必就只有五种颜色。据畲族老裁缝回忆，传统的色线是由天然染料染成的，均由植物果实取汁染成。例如，用黄栀果制成黄色；茜草或枸杞制成红色；将人工种植的大青草、土茯苓熬成浓汁按比例加入温水中制成黑色；将发酵的蓼蓝和土茯苓的浓汁按比例加入温水中制成靛蓝色；将薯莨、何首乌浓汁加入温水中制成紫红色；将葛藤头汁加明矾制成白色等。畲族人民在长期的摸索试验后，总结了一套手把手相传的染色技艺，传统的青、白、靛蓝等色彩和红、黄色相互搭配。

（二）近代服色

根据近代畲族服饰可见样本上的图案色彩分析，畲族服饰的主色调依然是蓝、青色，而服饰的配色增加了大量高饱和度、高明度的色彩，刺绣的色彩可以提炼出红色、玫红色、黄色、绿色和蓝色等色彩，这些色彩构成的图案形成强烈的视觉冲击力和对比效果，具有典型的民族特征。民国时期顺昌"畲族女子穿蓝色或青色之布衫，长及足肘，以红布为边，裙作青布"[3]。德国学者哈·史图博和中国学者李化民在《浙江景宁敕木山畲民调查记》一书中描述道："在福建延平府（即南平），我们在畲族妇女那里，见到的这些绲边非常绚丽多彩……在这条裙子上面还围着一条蓝色的麻布小围裙，裙子的带子是经过艺术加工的，它是用丝线和棉纱线织成的，仅 3 厘米宽，有蓝、绿、白三色的图案花纹。"[4]可见，这一时期，畲族的服色由古代的蓝、绿、白三种基本色彩逐渐趋向色彩斑斓，红、玫红、黄色等色彩用以装饰服饰。

（三）现代服色

现代畲族服饰以黑色为主，随着机织花边的广泛运用，色彩更加丰富多彩。《畲族文艺调查》（1958 年）中提及："以上几种畲族服装都是用黑布制作的"。除了黑色，青色和蓝色依然是畲族服饰中常用的色彩，《福建省少数民族情况介绍》（1953 年）中描述："畲族妇女服装多穿青、蓝两色，系自织麻布缝缀红边，腰束花带下着黑色围裙。"随着畲族人民生产、生活水平的提高，家庭经济条件的改善，现代畲族妇女更加注重服饰的制作精良，刺绣的精致美观。这一时期畲族裁缝对畲族服饰图案色彩的处理带有鲜明的个人审美，他们不再以现实生活中的色彩为参考，而是不断强化畲族服饰的装饰功能，大胆运用红、绿、黄、蓝等色彩，在黑色的底色上将畲族祖先"好五色衣服"的内涵淋漓尽致地体现在现代畲族服饰上。

俗语说"绣花容易配色难"，一件精美的刺绣作品需要搭配与服色相适应的色彩，才能凸显技艺和设计的融合。现代畲族服饰不仅色彩浓烈、抢眼，工艺复杂，装饰性强，而且运用了大量描绘畲族生活场景、宗教信仰、历史故事的刺绣图案，构成了畲族服饰的点睛之笔。畲族文化的突出特色是有较多的地方类型，而地方类型是畲族文化在一定区域内变异的结果。用一渊多流大致能形象地形容畲族文化的历史变化。由尚青、蓝到尚黑是闽东妇女服色的显著变化，转变的主要时段是晚清时期至中华民国。1950 年开始到 20 世纪 70 年代继续延续原有的变化。畲族服饰主、辅的色彩与畲族人民的审美意识、生存环境、经济状况密切相关，他们将对祖先的情感和对图腾的崇拜融入服饰制作和图案设计中去，又受到汉族的文化和审美的影响，最后通过裁缝精湛的技艺制作出精美绝伦的畲族服饰。古代畲族服饰尚青蓝，服饰色彩以青色、蓝色为主，这与畲民善种蓝草生产方式密切相关，明代《兴化县志》中就有闽中莆仙畲民"彼汀漳流徙，插菁为活"的记载，历史上有称畲族先民为"菁寮""菁客"，是因为畲族先民所到之地遍种菁草。据明代黄仲昭《八闽通志》卷 41 记载："菁客"所产菁靛品质极佳，泉州府织染所"其水染深青为天下最"[5]，从这一时期起，畲族服饰色彩即开始以青色为尊[6]，传统的畲族服饰以自织苎布染蓝青色。随着现代纺织业的发展，苎布受到织机幅宽和织布时长的限制而被畲族裁缝弃用，黑色灯芯绒、棉布、涤纶等面料因耐脏、耐磨、不易变形、方便缝纫，受到畲族裁缝的欢迎。面料色彩也由青、蓝转变为黑色。除此之外，畲族裁缝还添加了不同色相的红色作为辅助色。罗源畲族女性头式缠绕的布条能区分女性年龄与婚嫁状态，红色布条为未婚少女，蓝色布条为已婚妇女，通常为中年妇女，而上了一定年纪的老年妇女头式用黑色布条缠绕。

畲族服饰的变迁经历了款式、色彩、纹样、服饰部件的变迁，无论是从简到繁还是从繁到简，都代表了畲族人民不断适应居住地人文环境、自然环境的结果，体现了畲族人民不固守常规、不循规蹈矩的灵活应变能力。在艰苦的条件下，畲族女性盛装中始终保留服饰上的民族元素，却不拘泥于表现的形式，彰显了民族特征的作用，对祖先崇拜的坚守使福建省畲族服饰在与其他族群服饰的不断融合中，形成多种不同的地方类型，大胆应用各种不同的色彩，充分表达了畲族人民对美的追求。

二、畲族服饰色彩属性研究

（一）福建畲族服饰色彩的提取

本文提取福建畲族服饰色彩的样本共 28 个，样本包含了福建 5 种形制畲族服饰，从服斗、花边、拦腰、领面、袖子等部位的刺绣图案提取。样本图片的获取主要来自田野调研拍摄以及网络下载（表 1~表 5）。

表1　福安式畲族服饰色彩提取

名称	样本图对应的色彩
福安式对花拦腰色彩提取	
福安式牡丹花篮拦腰色彩提取	
福安式博古图案拦腰色彩提取	
福安式瓶花夹八宝拦腰色彩提取	

名称	样本图对应的色彩
福安式对花篮拦腰色彩提取	
福安式对凤凰拦腰色彩提取	
福安式服斗花边色彩提取	
福安式瓶花图案色彩提取	

表2 福鼎式畲族服饰色彩提取

名称	样本图对应的色彩
福鼎式小花拦腰色彩提取	
福鼎式拦腰色彩提取	
福鼎式凤凰戏牡丹拦腰色彩提取	
福鼎式服斗花边色彩提取	

名称	样本图对应的色彩
福鼎式服斗花边色彩提取	
福鼎式袖子花边色彩提取	
福鼎式袖子花边色彩提取	

表 3　连罗式畲族服饰色彩提取

名称	样本图对应的色彩
连罗式花朵拦腰色彩提取	

名称	样本图对应的色彩
连罗式花蝶拦腰色彩提取	
连罗式鲤鱼拦腰色彩提取	
连罗式领面图案色彩提取	
连罗式服斗花边色彩提取	

表4　顺昌式畲族服饰色彩提取

名称	样本图对应的色彩
顺昌式凤凰拦腰色彩提取	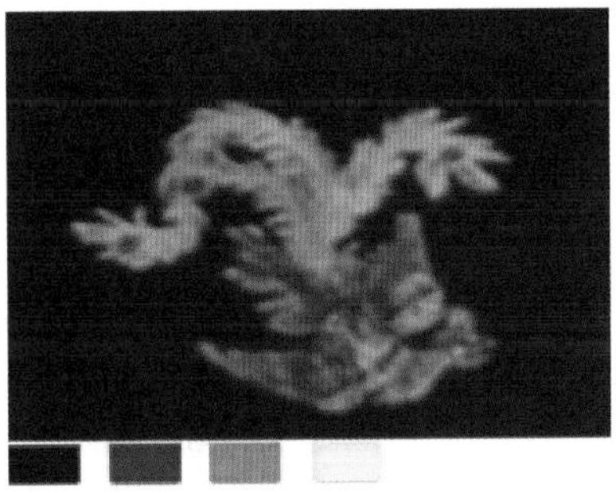
顺昌式头饰花巾色彩提取	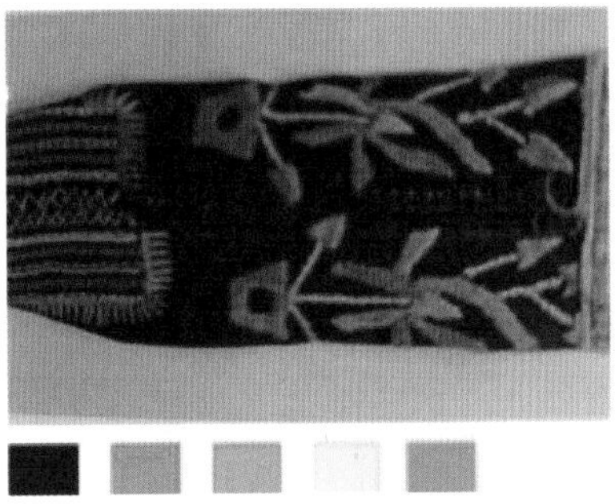

表5　霞浦式畲族服饰色彩提取

名称	样本图对应的色彩
霞浦式人物图案拦腰色彩提取	
霞浦式凤戏牡丹拦腰色彩提取	

名称	样本图对应的色彩
霞浦式凤鸟图案色彩提取	
霞浦式服斗色彩提取	
霞浦式鹿竹同春、喜上眉梢 图案色彩提取	
霞浦式牡丹花篮图案色彩提取	

（二）福建省畲族服饰色彩的统计

1. 统计图的设计

从28个福建畲族服饰样本图提取的色彩按照不同样本出现的顺序和频次排列，在统计图中，行作为每个样本图的定位标识，即第几行就代表第几个样本图，列用于上文图片中出现的色彩种数统计，即色彩在表格中出现的频率，为研究福建省畲族服饰用色特点提供一定参考依据。用于每列填充的色彩具有唯一性，即一列只填一种色彩，因此总样有几种色彩，最后填充好的总样统计图便有多少列，在某列中相同的色块个数表示为该列颜色在总样中出现的次数。在总样统计图的设计上，由于样本图个数28为已知条件，因此将行数固定为28。而总样中出现的色彩种数为未知条件，为使总样的填充有足够的空间，列数暂定为40，其数值随总样的填充过程变动。

2. 统计图的制作

色彩统计的思路为在总样统计图中从上往下逐行填充样本中的色彩，每行只填充一个样本的色彩，在统计过程中，总样里的新色彩从左往右依次填充在统计表的下一个空白列处，相同的色彩仍填充在同一列中，完成后畲族服饰提取色彩统计图如图1所示。

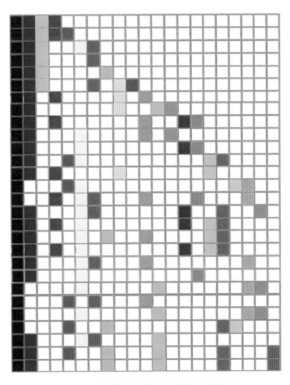

图1　福建畲族服饰色彩提取统计图

（三）福建畲族服饰用色特点分析

1. 以黑、红两色为主色调

福建畲族服饰色彩整体上可分为主色和局部对比色两部分，主色面积通常较大，从图1

可以看出，色彩提取统计图中出现频率最多的就是黑色、红色。畲族服饰运用黑、蓝两色的苎麻或棉布面料制作，符合畲族人民劳动的需要，苎麻面料的透气性增加了畲族服饰穿着的舒适性，给人淳朴的感觉。如图2所示，福建福安式畲族服饰以黑色为主色，在领子、袖口、服斗、围腰腰头等边缘处采用高明度红色装饰，图案细节用小面积对比色相组合，黑、红为主色的服饰色彩整体看起来简单大方，对比强烈。

图2　畲族服饰色彩整体效果图

2. 小面积对比色，增加色彩的丰富性

从图1可以看出，福建畲族服饰色彩组合里包含四种或以上色彩，这些色彩以黑、红两色为主色，其余色彩为搭配色，除粉绿、粉红、粉黄、粉蓝等高明度色彩外，较多使用高明度、中纯度的色彩。畲族服饰的色彩搭配与现代服饰普遍不超过三色的用色方法有着较大区别，在服饰中服斗、花边、拦腰等局部使用强对比色的色彩组合，但是由于对比色彩的纯度和明度中和了色彩的对比效果，同时，这些饱和度高的颜色也在黑色底色的衬托下相融于一体，表现出色彩多而不杂，艳丽而不俗，大大增加了色彩的丰富性。

3. 弱对比的叠色，增加色彩层次感

当服饰色彩多又杂时，通常会变得无序，分不清主次，但是福建畲族服饰的拦腰色彩搭配又显示出畲族人民的设计智慧，体现色彩的层次感。如图3所示，以福建畲族霞浦式拦腰为例，拦腰上的色彩超过了7种，拦腰的腰头缝上蓝色的苎布，底色是黑色的苎布，二者为拦腰的主色调。拦腰的装饰从内向外用两组"捆只颜"呈梯形划分，每组"捆只颜"皆由6种色彩如水绿、水红、紫红、大红、明黄组成，每一道色彩面积相等，都用白色夹边分隔，并列排列形成弱对比的叠色，色彩斑斓又和谐统一。传统叠色采用不同色彩垂直覆盖叠加，即用一种色彩重叠在另一种色彩上，在视错觉的影响下通过色彩混合产生新的色彩[7]。拦腰中两组"捆只颜"以梯形分割线的形式将拦腰划分为三部分，上部装饰有八仙过海、刘海吊金蟾等人物刺绣图案，中部装饰有双狮戏球、鹿竹同春、喜上眉梢等吉祥刺绣图案，下部装饰两只蝴蝶刺绣图案，可惜其中一只蝴蝶图案因为年代久远已经丢失了。这些图案面积接近，如人物头部、人物服装的面积大小相当，色彩明度接近，虽然色相不同，但多种色彩通过小面积的并列叠加融为一体，增加色彩的层次感。这种特有的叠色方式还能使产生的"新色"在眼睛里呈现出一种色彩变化的动态感觉。

图3　福建畲族霞浦式拦腰

三、总结

畲族人民经历了辗转迁徙，依旧保留了鲜明的民族特色，福建畲族传统服饰绚丽斑斓、丰富多彩，具有悠久的历史和丰富的文化内涵，是少数民族服饰文化的优秀代表[8]。本文总结了畲族服饰的古代服色、近代服色和现代服色的变迁历程，畲族服饰色彩与畲族人民的审美意识、生存环境、经济状况密切相关，他们就地取材，擅制蓝靛，所以服饰色彩多为蓝色，他们受到汉族的文化和审美的影响，将对祖先的情感和对图腾的崇拜融入服饰制作、图案的设计中去，最后通过裁缝精湛的技艺制作出精美绝伦的畲族服饰。畲族服饰色彩变迁经历了由简到繁、由蓝至黑的转变，由单一的蓝、绿、白色变成黑、红及其他高明度、中纯度的色彩。通过对福建畲族服饰不同形制的样本进行色彩提取和统计，分析得出福建畲族服饰在用色上以黑、红两色为主，搭配色以高明度、中纯度的色彩为辅，色彩使用时以小面积对比色，增加色彩的丰富性，以弱对比的色彩并列相叠，形成视觉上的色彩混合，增加色彩的层次感。福建畲族服饰的色彩是其民族文化的重要组成部分，值得我们深入研究。

福建省社科后期资助重大项目畲族服饰文化研究（课题编号：FJ2018JHQZ003)、福建省科技厅引导性项目（课题编号：2020H0046)、闽江学院科研课题（课题编号：MYS18029)，闽江学院教改课题：基于福建地域特色服饰文化的应用型高校特色专业人才培养体系构建(课题编号：MJU2020B021)的阶段性成果。

［1］李调元.卍斋璅录：卷3：丙录［M］.北京：中华书局，1985：23.

［2］范晔.后汉书：卷86：南蛮西南夷列传［M］.李贤，等，注.上海：中华书局，1965：2829.

［3］管长墉.福建之畲民［J］.福建文化季刊，1941，1（4）：49.

［4］钟炳文.浙江畲族调查［M］.宁波：宁波出版社，2014：87.

［5］黄仲昭.八闽通志：卷41［M］.福州：福建人民出版社，2006：1178.

［6］闫晶，范雪荣，吴微微.畲族古代服饰文化变迁［J］.纺织学报，2011（2）：114.

［7］范文东.色彩搭配原理与技巧［M］.北京：人民美术出版社，2006.

［8］陈栩.福建畲族服饰变迁与传承创新［J］.闽江学院学报，2017，38（3）.

附表　福建省畲族服饰色彩部分色卡

序号	色彩	C	M	Y	K
①		25	100	100	0
②		0	83	63	0
③		7	60	81	0
④		5	38	72	0
⑤		5	18	88	0
⑥		7	2	86	0
⑦		52	6	51	0
⑧		56	6	72	0
⑨		76	8	100	0
⑩		85	53	100	23
⑪		49	1	19	0
⑫		55	0	18	0
⑬		75	26	0	0
⑭		79	50	9	0
⑮		71	64	23	0
⑯		59	67	23	0
⑰		25	49	18	0
⑱		4	53	3	0
⑲		29	75	36	0
⑳		13	96	16	0
㉑		93	88	89	80

中国传统色彩语言与现代服饰应用

周钧

【摘　要】探索中国传统色彩语言的成因，色彩语言的象征性和传统色彩文化的思维特征；研探中国传统色彩体系的形成、完善和发展与现代色彩理论的关联；研讨中国传统色彩元素在现代社会生活中的应用价值，以及对政治、经济、文化、宗教和民俗风情的影响和作用；研究中国传统色彩文化是现代服饰设计中一个不可缺少的重要元素。

一、传统色彩语言的渊源

据考古历史学家们研究分析认为：火的使用，是人类进化转折的标志。在我国原始人类进化过程中，首先使用火的原始人，是距今大约五十万年前的原始人类远祖周口店"北京人"。在"北京人"化石遗址山洞里发掘出三层灰烬，这些灰烬层在考古学上称为"文化层"。灰烬层的土色呈现红、黄、白、黑等色，黑色土多居杂色土底下。经过分析考证："黑色土是物体火烧尽后的灰烬"。证明五十万年前的原始人类"北京人"已经使用了火。"北京人"取火技术的发明和使用，将我国原始人类带入了一个新的人类进化里程。

距今约十万至约一万八千年前"山顶洞人"的相貌与现代人已经没有明显区别，表明我国原始人类已经基本完成由"人猿"向"人类"进化的历程。他们已经懂得用赤铁矿石粉末装饰自己，运用简单的色彩形态语言传递爱美的信息，说明作为色彩语言起源的原始审美观已处于萌芽状态。考古学家贾兰坡❶先生在《北京人——故居》一书中写道："所有装饰品的穿孔，几乎都用红色，好像是它们的穿戴都用赤铁矿染过。"

在原始人类通过对火的使用，并逐步认识色彩自然现象的过程中，原始宗教的图腾崇拜活动，为氏族图腾文化的产生和象形文字的起源，奠定了色彩语言的视觉形象基础。如古代象形文字"𤇾"的创造，其形态就是表达古代中国人通过"火"认识色彩、认识自然和改造自然的概括和结晶；似一把熊熊燃烧的烈火，随着火势的提高和扩大，会呈现出不同温度的不同色光——红色光、黄色光、白色光、蓝色光直至黑色灰烬。

---

❶ 贾兰坡，中国科学院院士，史前考古学家、古人类学家。河北玉田县人，生于1908年11月25日。贾兰坡几十年致力于史前考古学、古人类学的研究工作，取得丰硕的成果，先后发表了300余篇（册）论文和著作。《北京人故居》是贾兰坡先生众多考古论著中的一本，于1958年在北京出版社出版。

二、传统色彩的象征语言

色彩的象征，在远古时代就存在。色彩的象征语言，不是虚无缥缈的抽象概念，也不是任何人主观臆造的空想理念，而是人类在认识客观宇宙、改造自然世界的漫长过程中，通过火的使用，认识自然界的色彩现象。在总结色彩应用经验的积累中，逐步形成的由直观思维到形象关联思维，转化为象征意念的宇宙观。自从人类认识色彩现象起，色彩作为一种形象信息语言，成为人类社会生活中不可缺少的一个重要元素。然而，色彩现象和色彩概念，又非常容易带有政治、经济、文化、宗教、情感等意念和象征。因此，从某种意义上讲，传统色彩五色的意念和象征语言是伴随着人类社会的演变、发展而变化的。传统色彩五色体系的象征性在中国人类社会历史的发展、变化过程中，扮演着重要角色。

在一万八千年前"山顶洞人"遗址中发现赤铁矿粉末散撒的遗迹，这是一种原始宗教临终仪式的意念表达。在商朝甲骨占卜辞中记载："丙子卜：燎白羊""戊子卜：至子御父丁白豕"。表明商朝时期将白色视为牺牲，白羊、白猪等祭品用于奉献祖先，表达缅怀先祖神灵的宇宙观，希望与先祖的灵魂相会，白色具有缅怀记忆的意念，这是最早用象形文字记载的中国古人用颜色表达意念的史料。历史文献《礼记正义·卷六·檀弓上》记载："殷人尚白，以建丑之月为正，物牙色白。大事敛用日中，日中时亦白。戎事乘翰，翰，白色马也"。这是历史文献记载商朝对白色的敬仰和崇拜，白色是正色，祭祀时用白色祭品。在周朝时期的祭祀中红色占有主要地位，由"骍"作为红色祭祀牺牲的卜辞。"骍"是一种红色（含有一点黄色光）的牛，《诗经·鲁颂·駉》："毛传：赤黄曰骍。"历史文献《尚书·洛诰》记载："祭岁，文王骍牛一，武王骍牛一。王命作册逸祝册，惟告周公其后"。《尚书·洛诰》的记载与《礼记正义·檀弓上》记载的："周人尚赤，以建子之月为正，物萌色赤"是相吻合的❶。这表明商周时期已经将色彩与祭祀意念关联在一起，表达祭祀的述求和思维理念。为春秋战国时期传统五色体系象征理念的形成铺垫了思维理念的基础。

赤色，古代象形文字"🔥"即赤，在古汉语中常用表示红色。赤在传统色彩"五色说"中象征火焰、南方，是"五方兽神图腾朱雀"的颜色。历史文献《说文解字》记载："赤，南方之色，从大火"。在流传的古代神话故事中，称炎帝为赤精之君，祝融为火官之臣。《淮南子·天文训》❷记载："其帝炎帝，其佐朱明，执衡而治夏；其神为荧惑，其兽朱鸟"。从上述历史文献的表述和古代传说，说明古代中国人认识红色的概念，是通过火燃烧时呈现赤色的光而形成的。赤铁矿石的红色粉末，是最早被应用于人类生活的颜色之一。在人类进化的历史岁月里，色彩世界的闪电雷击、森林火灾，不时地困扰着原始人类，原始人类一见到火光的红色，就会产生恐惧和害怕的心理状态，因此，红色具有表达危险信号的理念。随着原始宗教、巫术观念的产生，原始人类对火光的红色由畏惧转化为崇拜。红色的火光被推崇为

---

❶ （汉）郑玄，（唐）孔颖达，王云路校注：《礼记正义》，浙江大学出版社，2019年。

❷ 《淮南子》，又名《淮南鸿烈》《刘安子》，是西汉皇族淮南王刘安及其门客集体编写的一部哲学著作，属于杂家作品，中华书局，2012年。

威力无穷、勇猛无比的神灵，被赋予了崇高、威武和力量的。红色象征"火和力量"。在人与自然世界长期的斗争中，狩猎和战争中洒出大量鲜红热血的场景，又使红色具有搏斗、光荣、胜利的视觉语言表现力。红色成为古代中国人最受喜爱的色彩。在当今 21 世纪的现代社会，红色依旧是中国传统喜庆和胜利的象征。

黄色，古代象形文字""，是表示火燃烧的色彩——黄色火光。黄色还经常用来作为描述阳光、大地和五谷丰登的色彩修饰词汇。黄色在古代传统色彩"五色说"中象征中央、黄土（中原大地）。历史文献《晋书·五行》❶记载："土，中央，生万物者也"。黄色又是"五方兽神图腾黄龙"的色彩，如古代神话传说的五帝之首——黄帝轩辕氏聚居黄河流域的中心，土呈黄色。称中央黄帝为"黄精之君"，后土为土官之臣。《礼记·正义·卷十六·月令第六》记载："其帝黄帝，其神后土。此黄精之君"，土官之神，自古以来，著德立功者也。《易经》中"天玄地黄"的"黄"表述了中华民族生活在客观世界阴阳对立的社会中，阐述了远古中华民族的智慧和哲学思维理念。黄色又是期望、智慧、文明意念的表达，也是中国佛教、道教的宗教色彩，这些宗教的寺院、服饰都应用黄色，传达一种神秘和超脱的意境。

青色，古代象形文字""，是火光色彩的一种，称为青光或蓝色火焰。在古代传统色彩"五色说"中象征东方和木（五种基本元素的一种）。正如《说文·解字》中记载："青，东方色也。木生火，从生丹，丹青之信言象然"。青是"五方兽神图腾青龙"的颜色。古代神话传说中的五帝之一的青帝太皞氏，着青衣（青龙纹），掌管东方。历史文献《礼记正义·卷十四·月令六》记载："正义曰：苍是东方之色"，故下云"驾苍龙，服苍玉。是苍精之君也，则东方当木行之君也"。《庄子·外篇·田子方》中记载："上窥青天，下潜黄泉"。以及西周青铜器铭文中的"青幽高祖"。青色又含有天空和大海的空间环境色彩的意念，青色使人联想起平静的情感。青色含有神秘感，表达人们的期望。

白色，古代象形文字""，是火光之色的象征语言，又好像点亮的烛光。历史文献《庄子·人世间》记载："日光所照也，太阳光色。"在传统色彩"五色说"中，白象征西方和金（五种基本元素的一种），是"五方兽神图腾白虎"的颜色。《晋书·五行》记载："金，西方，万物既成，杀气之始也"。古代神话相传五帝之一的白帝少昊氏，穿白衣（白虎纹），掌管西方。《淮南子·天文训》记载："西方，金也，其帝少昊，其佐蓐收，执矩而治秋；其神为太白，其兽白虎，其音商"。远古的商朝崇尚白色，是商殷部族崇拜原始图腾太阳神的直观思维的心理反应，即太阳是光明的象征。在商朝祭祀中白色作为重要色彩，商朝以白为尊，以白为贵，白衣是商朝服饰崇尚的颜色，用于祭祀、大典、婚嫁等特殊的场合，是表达对重大活动的恭敬、庄重的传统观念。白色也是传统的内衣色彩，称为"素服"。白色在中国传统丧葬仪式中是非常重要的色彩。《辞源》中对"白"的记载："古以为服丧之色。"《史记·八六·荆轲传》记载："太子及宾客知事者，皆白衣冠送之。"在现代社会，传统的白色被赋予新的色彩含义，成为时尚色彩的流行元素。在中国传统大红婚姻喜事中，象征纯洁爱情的白色婚纱已成为与红色相提并论的颜色，是现代新娘装扮不可缺少的礼服。

---

❶ 《晋书》是中国的二十四史之一，唐房玄龄等人合著，作者共二十一人。

黑色，古代象形文字“”，是表示火所熏燎的色彩——黑色灰烬。历史文献《说文·解字》记载：“黑，火所熏之色。”周口店“北京人”文化遗址的黑色土，就是火烧后遗存的黑色炭。黑色是远古人类认识色彩、运用色彩的起源色之一。历史文献《释名》记载：“黑，晦也，如晦瞑时色也”。《礼记正义·卷十四·月令六》记载：“夏后氏尚黑，以建寅之月为正，物生色黑。正者征，下同，又如字。大事敛用昏，昏时亦黑”。在古代传统色彩“五色说”中，黑色象征北方和水（五种基本元素的一种），是“五方兽神图腾玄武”的专属颜色。古代神话相传五帝之一的黑帝颛顼氏，穿黑衣（玄武纹），掌管北方。《淮南子·天文训》记载：“北方，水也，其帝颛顼，其佐玄冥，执权而治冬；其神为辰星，其兽玄武”。中国古代社会第一个封建王朝——大秦帝国，起始于陕西、甘肃的黄河流域，也是华夏民族的发源地。春秋战国时期秦国崇尚黑色。自命以水德王，一统天下。以十月（亥月，亥属水）为岁首，尚黑色，身着黑袍，定黑色为正色。黑色在秦朝作为最尊贵的色彩，并影响到汉朝初期的帝王服饰色彩（图1、图2）。

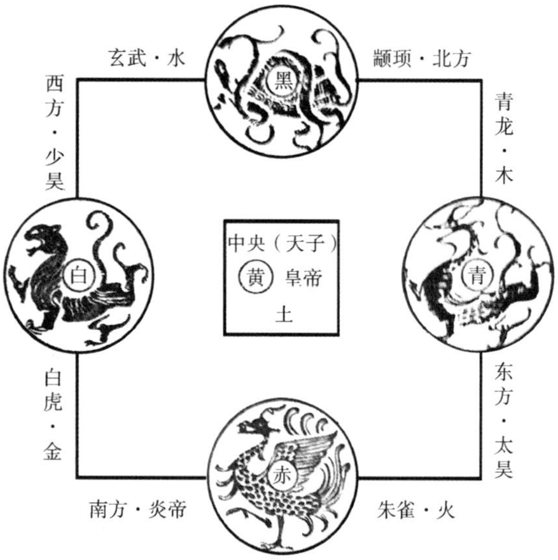

图1　传统五色、五方、五行、五帝的象征语言图示
（资料来源：诸葛铠《传统装饰色彩浅说》,《实用美术》16期，上海人民美术出版社，1984年）

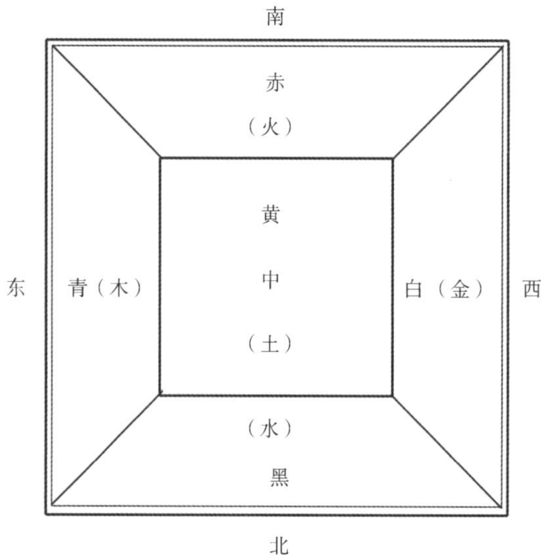

图2　古代五色、五方、五行图解图
（资料来源：诸葛铠《传统装饰色彩浅说》,《实用美术》16期，上海人民美术出版社，1984年）

三、传统色彩语言哲学思维特征

在全世界人类进化的里程中，都先后出现以崇拜观念为标志，乞求神灵保护的图腾文化，这就是原始色彩语言的表达形式。古代人类企图通过“图腾”色彩的视觉形象表达，以求获得神灵的帮助和超自然的意念。图腾色彩语言是原始社会发展阶段中思想启蒙的视觉形态表现，是原始宗教观的一种活动形式，是氏族部落原始信仰的象征。历史文献《礼记·礼运》记载：“麟、凤、龟、龙，谓之四灵”，是远古氏族部落的图腾，是我国原始祖先崇拜的

保护神。杰出的文学家、历史学家、科学家郭沫若先生在一篇题为《关于晚周帛画的考察》的论文中明确提到："凤是玄鸟，是殷民族的图腾；龙是夏民族的图腾"。图腾作为早期人类运用的色彩图形视觉语言，是原始人类智慧启蒙的创始物。

色彩是客观存在的自然现象，色彩又具有民族精神的象征意念，色彩与形态相互依存，互为依赖不可分割，是社会发展的重要语言信息的传递元素。正如古代学者庄子对形与色的精辟论述："故视而可见者，形与色也。"❶因此，图形和色彩是视觉传达形态语言最基本的构成要素。翻阅中国五千年色彩发展历史，可以非常清楚地看到：色彩语言的思维理念表达，始终伴随着中华民族五千年文明史的发展进程。远古时代的赤色（火光色），传递了远古中国人类崇高、敢于胜利的色彩信息。夏禹时期"龙"图腾的黄色，表达了华夏民族拥有辽阔的黄土大地，黄色的"龙"是中华民族的色彩意念。春秋战国时期创立的"阴阳五行说"哲学思想中的《五色学说》，关于色彩象征语言的论述和哲学思维，表述了古人对宇宙客观、地理方位、氏族图腾与色彩意念之间的哲理关系。古代"五色学说"象征宇宙自然物，象征政体与礼制，象征宗教与文化，而阐述政治、社会变更理念的"五德终始学说"，则反映了古代思想家、神学家试图用色彩象征语言的表达方式和意念来解读社会政治、朝代更迭的哲理思想，并在此基础上创立具有唯心观的哲学理论（图2）。在封建社会时期，统治阶级为了维护其阶级利益，巩固统治阶级的权力，倡导儒家礼仪等级思想，运用色彩语言意念的表达来加强统治阶级的权威，规定了传统色彩的"正色"和"间色"之分，使色彩含有强烈的政治含义和等级观念。秦始皇是第一个接受战国时期阴阳学家邹衍倡导的"五德终始说"的"五行相生"和"五行相胜"的哲学理念，自命以"水德"克"火德"，黑色成为秦皇朝最尊贵的色彩。汉武帝为了巩固皇权的地位，在儒家思想以及董仲舒宗教神学思想的影响下，依据"五德终始说"中"土克水"的理论，承"土德"，并强调了"五行学（五色说）"中的"土居中央"的理念；以及"土"是一切元素的根本所在的观点，崇尚黄色，突出五色中"黄色"象征皇权的地位。董仲舒的《春秋繁露·五行之义》记载："土居中央，为之天润"。建立一套等级森严的官吏佩绶制度。汉朝冠服制度的绶带色彩规定：赤黄、赤、绿、紫、青、黑的排序。自汉武帝时期起，黄色就逐步成为古代中国历代帝王服饰的专用色。自此"阴阳五色说"思维理念贯穿于两千多年的封建社会历代冠服制度的色彩应用中，充分体现服饰色彩的礼仪与等级观念，成为封建统治阶级的政治基石。色彩作为一种信息语言，在为统治阶级利用和服务的同时，色彩语言的应用功能在古代社会的经济、文化发展中，也发挥了巨大的作用。从远古的彩陶文化、黑陶文化到商周时期的青铜色彩文化，从春秋战国时期的织染色彩文化，到汉、唐时期的丝绸、服饰色彩文化；从魏晋南北朝时期的敦煌莫高窟色彩文化到宋、元、明、清时期的瓷器色彩文化，无不如此。

综观这些辉煌灿烂的中华民族色彩文化，充满了丰富多彩的色彩语言的文化内涵和民族情感意念，说明古代人类在改造客观世界的同时，对自然世界色彩的认识和色彩语言的应用已日趋成熟。这些中华民族的文化艺术瑰宝，表现了中华民族的勤劳和智慧，是中华民族色

---

❶ 庄子：《庄子·外物》，《中国美术史资料选编》，中华书局，1980年。

彩语言应用的艺术结晶。

四、传统色彩文化与现代色彩原理的相互关联

在人类社会发展的漫长历史时期内，人们逐步开始认识、了解色彩的自然现象，并将色彩应用于社会生活。自远古时期起。古人已经开始对色彩原理进行研究和探索。儒家思想奠基人孔子在《论语》中记载："未见颜色而言，谓之瞽"。首次提出光与色彩视觉的关系，就"瞽"的字面意思来解释是盲人。假如有人看不见任何物体及其色彩和形态的存在，此人必定是一位盲人；而能看见物体存在的首要条件是光的存在。法家思想奠基人墨子在《墨经》光学八条景记载："光至，景亡；若在，尽古息。"阐述了光与物体影子的关系。此外，《礼记正义·月令第六》记载："采，五色"者，郑玄注《皋陶谟》曰："采施曰色，未用谓之采，已用谓之色"，按字面解释，就是未用之彩是千变万化的大自然色彩，已用之色是应用于人类社会生活中的各种颜色。这是中国古代学者最早对光与色彩关系的论述，从物理学、光学和古代传统科学的角度，对自然界的光、物体以及现象、色彩概念作的精辟阐述；从中国古代哲学思维、古代科学的理念来论述色彩的现象。即对自然现象的直观观察以及关联思维的提升，这是中国传统色彩文化的哲学思想和传统科学的基本点。比欧洲文艺复兴时期的色彩理论探索者达·芬奇对"光与色彩关系"的阐述，约早两千多年的时间。

在古代人探索光与色彩相互关系的同时，古人在对自然界色彩现象了解、认识的长期过程里，从复杂的色彩现象中，将色彩归为五种基本色：赤、黄、青、白、黑，历史文献《周礼·东官·考工记》第一次提出五色概念："画缋之事，杂五色。东方谓之青，南方谓之赤，西方谓之白，北方谓之黑，天谓之玄，地谓之黄。"从周朝起，古代人把赤、黄、青三色称为彩（即现代色彩理论中的有彩色系），将白、黑称为色（即现代色彩理论中的无彩色系）。这五种色彩列为"正色"（即现代色彩理论中的红、黄、蓝三原色和全色白光、无光的黑色），其他的颜色统称为"间色"（即现代色彩理论中的二次色、三次色）。古代军事家孙武在《孙子·兵势篇》中记载："色不过五，五色之变，不可胜观也"，精辟阐述色彩的五色原理和五色无穷尽的变化的色彩现象。此外，《礼记·正义·玉藻》中记载："玄是天色，故为正。纁是地色，赤黄之杂，故为间色。"孔颖达疏引，皇氏云："正谓青、赤、黄、白、黑，五方正色也。不正，谓五方间色也，绿、红、碧、紫、驵黄是也。"从古代文献记载的古人对色彩用"正色"与"间色"的分类运用，具有客观世界自然观的观察力、哲学的关联思维以及社会应用经验积累的传统科学理念。即"正色"为基本原色，代表正统，用作衣服外表，"间色"是混色，非正统色彩，用于衣服里子。正如《礼记·正义·玉藻》所记载："衣正色，裳间色。"此外，古人对"间色"混合原理的论述，有其独特的传统科学的关联思维理念。如黄青之间是绿、赤白之间是红，青白之间是碧、赤黑之间是紫、黄黑之间是驵黄，这是根据古代春秋时期形成的"阴阳五行学"中（五色说）哲学理论中正色相克产生间色的阐述。五种正色相克产生的间色，位于五方正色相互邻近之中间，在传统色彩文化"五色说"中称为

五方间色。《礼记·正义·玉藻》记载："青是东方正，绿色东方间，东为木，木色青，木刻土，土黄，并以所刻为间，故绿色，青，黄也。朱是南方正，红是南方间，南为火，火赤刻金，金白，故红色，赤、白也。白是西方正，碧是西方间，西为金，金白刻木，故碧色，青、白也。黑是北方正，紫是北方间，北方水，水色黑，水克火，火赤，故紫色，赤、黑也。黄是中央正，驵黄是中央间，中央为土，土刻水，水黑，故驵黄之色，黄、黑也。"而五方正色相对应的两种正色相互搭配混合，则可产生另外五种间色是：赤黄之间是緅、赤青之间是绀、黄白之间是缃、青黑之间是黛、黑白之间是灰。上述五方正色相互混合而产生的十种间色，构成了中国远古时期的"五方色环"分布图（图3）。说明中国古代传统色彩"五色说"中关于光与色，颜色相互间混色的论述，是符合自然科学的现代色彩学的中间混合原理。我们看到了中国传统色彩"五光十色"的色彩体系是：五光（五色）：青、赤、黄、白、黑；十色：绿、红、碧、紫、驵黄、緅、绀、缃、黛、灰。上述传统科学的中国传统色彩"五色"体系的色彩混合论述与现代色彩原理的色彩混合论述是完全一致的。古代学者博明在《西斋偶得》中记载："五色相宜，相反而相成，如白之与黑，朱之与绿，黄之与蓝，乃天地间自然之对，待深则俱深，浅则俱浅，相杂而间色生也矣""今试注目于白，久之目光为白所眩，则转目而成黑晕，注朱则成绿晕，注黄则成蓝晕"。则是古代学者系统地论述光与色彩视觉，光与色彩生理之间相互关系，以及色彩互补原理。在上述的历史文献中，这些古代色彩理论的论述与现代色彩理论有着非常相似和密切的关联，是中国传统色彩文化遗产的重大理论贡献。

- 黄青之间是绿
- 赤黄之间緅（橙）
- 赤青之间是绀（紫）
- 赤白之间是红（粉红）
- 青白之间是碧（淡蓝）
- 黄白之间是缃（淡黄）
- 赤黑之间是紫（深红）
- 青黑之间是黛（深蓝）
- 黄黑之间是驵黄（橄榄色）
- 黑白之间是灰

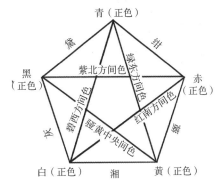

图3　古代"五色论"体系正色与间色的关系图解

五、传统色彩元素与现代服饰应用

（一）传统色彩元素在现代社会生活中的应用价值

传统色彩语言具有丰厚的历史底蕴和巨大的经济价值，具有地域特征的民间色彩文化更是耀眼夺目、色彩斑斓。这些源于生活，融入生活，又流行于民间区域的民俗色彩文化，生动地反映了地方乡土的风俗人情，充分展现了中华民族的聪明才智，表达了中华民族传统的色彩审美观和民族色彩理念。2008年北京举办的第29届奥运会，在以"同一个世界，同一个梦"的主题中，充分运用以"中国红"和"龙的传人"（明亮的黄色）为代表的中国五千年传统色彩文化，完整体现"绿色奥运、科技奥运、人文奥运"三大理念核心，展现传统色彩文化理念和中华民族的精神象征。北京奥运会中国代表团的服饰以红、黄两色的传统色彩为主色调，运用传统祝福的祥云图案为装饰纹样，采用高科技的材料和技术，使中国体育军团具有传统文化和现代意念完美结合的时尚风貌（图4、图5）。北京奥运会颁奖礼仪组的服饰色彩设计充分运用中国传统色彩文化元素，采用热情洋溢的中国红，展现五湖四海的蓝色以及纯洁的白色，并用传统色彩的黄色作为点缀。采用不同的面积对比，使色彩既艳丽又柔和，具有高贵品质。同时，向全世界传递中国传统色彩文化的丰富内涵（图6）。

　　文化艺术方面，在现代艺术形式层出不穷，传统文化面临严峻挑战的形势下，深入发掘传统色彩文化的潜力和价值，是保护传统色彩文化的重要任务。著名舞蹈家杨丽萍创作的民族舞蹈《云南印象》《云南的响鼓》，就是将传统色彩文化融入现代舞蹈元素，通过舞蹈的肢体语言和少数民族服饰色彩视觉语言的传递，融合了现代文化的因子，运用现代舞美的科技手段，充分发掘了少数民族服饰色彩文化的精神价值和社会效应，是传统色彩文化在现代社会生活中应用颇为成功的范例（图7）。

图4　2008年奥运会中国代表团入场式服饰　　　　　图5　2008年奥运会中国运动员领奖服
　　（资料来源：北京服装学院崔唯提供）　　　　　　　（资料来源：北京服装学院崔唯提供）

图6　2008年奥运会礼仪组
（资料来源：北京服装学院崔唯提供）

图7　民族舞蹈《云南印象》

　　在现代生活中，流行色彩渗入人们生活的各个领域，传统色彩元素与流行趋势融合再生，充分表达了传统色彩文化的强劲生命力。在中国国际时装周2011春夏系列发布期间，青年设计师邓皓推出以"古兰中国红"为主题的女装系列。将上海世博会的中国馆红色建筑色彩与阿拉伯伊斯兰建筑结构，以及西方的教堂镶嵌图案色彩互为融合，并采用现代针织面料的肌理纹案工艺和传统的中国传统色彩元素，来表达东西文化的包容性和异域文化风情互为融合性；采用多种不同的面料质地，东西方相融合的款式，以中国红、蓝、绿为主色调，以少量的黑色或白色作为点缀；运用中国民间"肚兜"元素的改良设计和中国传统色彩搭配，给予华丽的色感；采用中国古代披风的色彩元素，表达大唐贵妇人雍容华贵的风情（图8）。

图8　青年设计师邓皓推出以"古兰中国红"为主题的女装系列

（资料来源：http://image.so.com）

（二）传统色彩文化是现代社会生活中不可缺少的重要元素

　　中国社会发展经历了五千多年的历史进程，从原始社会进入奴隶制社会，由封建社会成为半殖民地半封建社会。1949年10月1日，中华人民共和国成立。从此中国开始步入社会主

图9　传统大花贡棉布时尚设计

图10　传统色彩元素时尚化服饰

义建设的轨道。20 世纪 80 年代，随着改革开放政策的深入发展，现代化建设进入发展的快车道。综观社会历史的发展进程，传统色彩文化是每一个社会阶段发展变化不可缺少的组成部分和重要社会元素。每个社会阶段的更迭，都承继、发展了前朝社会的传统色彩文化。同样，现代社会生活的各个领域，都充满着传统色彩文化的元素和影响。如民间风俗礼节中应用的传统色彩元素：大红喜事、白色丧礼，民间庙会、乡镇赶集，展现一片多姿多彩的浓郁乡土色彩氛围，呈现一派穿红戴绿、张灯结彩、喜气洋洋的热闹景象。在日常生活里，传统色彩和流行色彩互为影响、交替，处处影响着现代人的着装色彩和化妆色彩理念。在乡村日常生活用的传统色彩大红大绿的大花贡被面，经过现代服装设计师的创意，融入流行元素，使具有浓厚乡土色彩元素的大花贡被面布，成为引导时尚潮流的尖端色彩（图 9）。中国女性服饰的代表作"旗袍"，是传统色彩文化应用于现代社会生活中的典范。各种艳丽的丝绸面料、多彩变化的旗袍款式，充分展示了中华民族女性的优美形体和典雅的审美观点。代表中国传统文化的"唐装"，综合了中国五千年传统色彩文化的精髓，成为现代流行时尚追宠的焦点（图 10）。2018 年中国国际时装周，中国十佳设计师张仪超在北京饭店金色大厅，发布以"文化塑根、非遗注魂、海棠晕染、瑞兽点睛、古剧作衬"为主题的荣昌夏布创意作品。左边的服饰图案元素有凤鸟、盛开的玉兰花、云纹，运用写实描绘和图案化变形相结合的手法，使古老的精湛的刺绣工艺和深厚文化底蕴的传统宫廷色彩与图案纹样，获得崭新设计思维的视觉效果。中间服饰的无袖上衣的色彩与服饰图案，是一幅以浅绯色（豆沙色）为底色的单独的玉兰花刺绣精品，白色的玉兰花与蓝绿色花托形成微弱的色彩对比，两臂的深红紫色宽袖与中间的白玉兰花形成强烈的色彩对比，黄色与黑色作为点缀色彩。采用传统的宫廷刺绣图案风格传递出一种清新、时尚而又有传统宫廷风格内涵的色彩时尚信息。右边的服饰具有现代闪光视幻的色彩效果，展现着一位闪耀着光芒万千的时尚而又传统的女性形象。黄色背光中闪光图形好似光芒四射，又好像佛教文化中的千手观音，无数双佛手挥动着。女模特时尚长裙的底部的水纹图案色彩则是汲取了清朝冠服制

度中官袍的图案云纹、立水纹色彩图形语元素，在色彩与图形上做了新的变化。而服饰的腰间两边则是运用现代立体感的蓝色装饰物，折射传统色彩与现代设计理念的碰撞，产生极其丰富的古老传统色彩元素的再生，也是一次对传统色彩文化遗产在当今社会时尚生活中承继的尝试（图11）。

（三）传统色彩元素对国际时尚界的重要的影响

中国传统色彩元素在国际时尚界具有非常重要的影响。国际时尚著名品牌香奈儿（CHANEL），于2009年12月3日在上海发布的"巴黎—上海"2010时装发布会上，展示了运用中国传统色彩文化"黑与红"元素的时尚斗笠设计，颈部装饰是中国传统红绿对比的璎珞珠链，与黑色立领的上衣形成强烈的色彩对比，吸引了全球时尚界的眼球（图12）。著名国际时装品牌路易威登，2011年在法国巴黎发布的女装系列设计，采用20世纪70年代的东方风情，即中国清朝服饰的复古元素，设计师们将现代的西方审美思维融合中国传统服饰色彩文化的理念，采用青紫色旗袍单面开衩高至腰间，

图12　香奈儿"巴黎—上海"时装发布会
（资料来源：《国际时尚大腕纷纷追逐"中国风"》，北京服装学院色彩中心公众号BIFT，2015年11月16日）

图11　2018年荣昌夏布张义超创意作品发布
（资料来源：微信公众号FashionView）

粉桃红立领对襟大袖短褂，大红立领对襟长袍，以及松石绿与黑色檀香折扇等中国传统色彩元素，以立体裁剪进行分解重构，在传统平面的面料材质上加以织花、珠绣等中国传统工艺元素，以及盘扣、流苏、印花等中国文化元素的配饰。在色彩运用上，既含有东方的中国传统的"五色理论"情结，又有西方现代色彩艺术风格，凸显出整个系列的华贵靓丽的复古东方情调，展现传统与现代思维的交融性和包容性（图13）。著名比利时设计大师德赖思·范·诺顿（Dries Van Noten），在法国巴黎再一次掀起中国元素——清宫风"穿越巴黎"2012秋冬时装周的重头大戏，将清朝宫廷冠服制度中的色彩与图形语言融入他的设计创意构思中，在时尚的服饰中将清朝帝王服饰的"十二纹章"图案，运用现代时尚思维设计理念，运用打散、分割、相拼进行重新组合。清朝官员袍服下端的五色云纹、立水纹图形装饰，经过设计师巧妙构思，突破原来清朝官员服饰图形格局，将平行的立水纹改为竖立的图形，作为服饰的衣袖或时尚外套的正面图案纹饰。整个时尚服饰展现出突破传统帝王的

图13 路易威登2011年时装发布会

（资料来源：《中国传统色彩语言与现代应用探研》，北京服装学院色彩中心公众号BIFT，2016年11月24日）

严谨、刻板的服饰特征，使传统色彩在时尚服饰中展现新意。整个服饰系列，展现黄色调的中国帝王色彩元素、宫廷冠服图形服饰元素，充满东方意味和中国传统色彩文化与现代感极强的轮廓交织，构成独特的魅力，中国风热潮再次成为时装潮流的重点趋势（图14）。这充分证明中华民族传统色彩文化独具特色。但是世界是由各个国家的众多民族所组成，世界拥有丰富多彩和风格多样的文化元素，中国传统文化元素是中华民族的，也是世界的。

图14 德赖恩·范·诺顿（Dries Van Noten）巴黎2012秋冬时装发布会
（资料来源：《国际时尚大腕纷纷追逐"中国风"》，北京服装学院色彩中心公众号BIFT，2015年11月15日）

（四）传统色彩文化元素是中国服饰品牌创立的色彩应用基点

在市场经济，品牌观念成为现代人追求和向往的一种生活理念，也是人们视觉生理和视觉心理满足的反映和需要。同时创立品牌也成为各个领域发展的目标，即商品品牌、服饰品牌、消费品牌、文化娱乐品牌、教育品牌等。这些领域品牌创立的目的，就是提高所在领域的知名度，获取最大的社会资源和经济效益。通过品牌的创立带动各个领域全面发展，运用品牌效应提升社会精神生活和物质生活的质量，提高全民族精神文明和物质文明的高度。传统色彩文化作为中华民族传统文化的重要组成部分，是中华民族精神的象征，是现代社会品牌创立不可缺少的基本元素。在经济全球化浪潮中，民族的也是世界的，没有各个民族的存在，就没有世界。传统是现代的基点，现代源于传统，没有传统就没有现代。因此，在现代社会，传统的思维与理念、传统的色彩文化，时刻影响着现代人们日常生活相关的一切领域。

一个服饰品牌的创立，在色彩理念和色彩应用上脱离了传统的基点，将大幅削弱品牌的效应。反过来讲，一个现代理念服饰的品牌创立，应该充分运用传统的色彩元素融入现代思维理念和表现手法，创造一种具有传统色彩因子的新风貌和现代意识的服饰品牌效应，将传统色彩与现代思维相融合的色彩文化，推向社会，以符合现代人们复杂心理状态的平衡和满足。著名内衣品牌欧迪芬以《梦回大唐》主题的中华元素进行内衣的创新设计，采用传统的红色、白色、黑色、嫩绿色为基调，将大唐盛世传统服饰色彩元素黑色、白色用于刺绣内衣，身披开放透明红色薄纱，手提红色灯笼，脸面装饰为唐朝风韵的红色花钿色彩元素，以及嫩绿色蕾丝绣花与佛教文化红绿对比的璎珞珠链装饰，"朝天髻"发式，融入时尚内衣的设计思维，运用现代设计理念展现多元立体的古代色彩经典，为现代时尚界带来耳目一新的创意，展现传统色彩文化在现代时尚内衣流行潮中的风姿和魅力（图15）。设计师陈闻在2017时

尚上海"闻所未闻CHENWEN Studio"专场发布上，展现了传统民间木版年画色彩的印刷工艺与牛仔面料及水洗技术的结合，创造出的多层次错版胶印现代艺术风格，加上做旧、磨损、漂洗及与提花面料的拼接等技术，使具有浓厚传统色彩文化底蕴的民间木版年画色彩与现代波普艺术相结合的新形态在时尚服装作品上展现，将中国传统民间色彩文化元素，演绎在异域风情的西部牛仔风格面料上，展现时代风尚服饰的传统色彩新魅力（图16）。

图15 《梦回大唐》中华元素风内
衣色彩设计

（资料来源：周钧，《中国传统色彩文化与现代应用》，微信号：传统色彩研究：CTCR，2016 2017年1月14日）

图16 陈闻"木版年画"色彩与牛仔布错版胶印的新时尚风格

（资料来源：2017时尚上海"闻所未闻CHENWEN Studio"陈闻专场发布，微信公众号：Fashion View，2016年10月28日）

从上述阐述的观点清楚地说明，传统色彩文化元素对现代社会和市场经济有着重要影响和巨大作用。在进行服饰品牌创立的设计定位中，传统与现代是一对相辅相成的共同体。只有准确地理解和运用传统色彩文化的历史内涵，才能产生巨大的社会效应和获得可观经济效益。

［1］范文澜. 中国通史简编［M］. 北京：人民出版社，1964.

［2］翦伯赞，郑天挺. 中国通史参考资料［M］. 北京：中华书局，1962.

［3］北京大学哲学系美学教研组. 中国美学史资料选编［M］. 北京：中华书局，1980.

［4］孔安国. 尚书·正义［M］. 上海：上海古籍出版社，2008.

［5］高汉玉. 中国色彩名物疏［J］. 流行色杂志，1993（1）.

［6］雷圭元. 中国图案作法初探［M］. 上海：上海人民美术出版社，1979.

［7］孔子. 论语［M］. 西安：西安交通大学出版社，2015.

［8］孔子. 诗经［M］. 黎波，译注. 长春：吉林美术出版社，2015.

［9］墨翟. 墨子［M］. 北京：线装书局，2016年.

［10］周钧. 中国传统色彩的现代应用［N］. 服饰导报，2009-12-22.

［11］许慎. 说文解字［M］. 北京：中华书局，1963.

［12］郑玄. 礼记［M］. 北京：中华书局，2015.

［13］房玄龄. 晋书·五行［M］. 北京：中华书局，2015.

［14］汪涛. 中国古代思维模式与阴阳五行说探源［M］. 江苏：苏州古籍出版社，1998.

五行五色考述

贾玺增

【摘　要】五行，即金、木、水、火、土；五色，即中国传统颜色中青、赤、黄、白、黑五种正色。其产生之初，本意指五种自然的元素，而后与天地产生的根源相关联。战国时期，"五行"与"五色"之间建立了对应关系，形成了一套有逻辑的中国传统颜色文化体系。至秦始皇时期，"五行"又与"五德""五方""三纲五常"等思想相互嵌套融合，使得与之相关联的"五色"也有了更深的文化意涵。了解五行与五色之间的对应关系，能够促使我们建立一套中国传统的颜色文化体系，为建立中国传统色彩体系填补空缺。

一、"五行"观念的起源

"五行"二字的出现，一般以《尚书·甘誓》❶所载："有扈氏威侮五行，怠弃三正"和《尚书·洪范》所云："五行：一曰水，二曰火，三曰木，四曰金，五曰土"为最早[1]。显然，至迟在东周时代，已经形成了"五行"的概念[2]。

"五行"的概念形成之后，其内涵又在各个时期有不同的发展变化。西周末年，"五行"曾被作为五材而记录。《国语·郑语》中曾记载："以土与金、木、水、火杂，以成万物。"《左传》也载："天生五材，民并用之，废一不可。"

至战国时期，又发展为阴阳五行说，其核心思想在于天时地气。《国语·单襄公》中记载："天六地五，数之常也。"意在指出天地运行的规律，都统一在"天六地五"之中。"天六地五"指的就是"天有六气，地有五行"。天有六气，即阴、阳、风、雨、晦、明，其中阴、阳二气最重要；地有五行，则是金、木、水、火、土。

战国时期的邹衍，开创了"五行相胜"，即五行相克的学说，汉代的刘向则倡导"五行相生"的理论，进一步明确了五行之间各个元素的关系。宋人李石在《续博物志疏证》中论证："自古帝王五运之次有二说，邹衍以五行相胜为义，刘向则以相生为义。汉魏共尊刘说。"❷宋代的王应麟在考证《汉艺文志》时也引用南朝的沈约所言"五德更王，有二家之说，邹衍以相胜立体，刘向以相生为义。"[3]

---

❶　《甘誓》虽说是夏王启征伐有扈氏时在甘地所作誓言，但顾颉刚以来的研究认为它属于东周时代的作品。

❷　（宋）李石撰，（清）陈逢衡疏证，唐子恒点校：《续博物志疏证·卷一》，凤凰出版社，2017年，第39页，第40页。

"五行"又与儒家的"五常"相联系，《汉艺文志》载"五行者，五常之形气也。"[3]"五行"成为"五常"存在的依据。"五常"即仁、义、礼、智、信五种道德要求，是在儒家以"仁"为基础的思想上发展而来的。春秋时期，孔子推崇"仁"；到战国时期，孟子提出"四德"，将仁、义、礼、智并列；汉代又增添"信"，形成"五常"，与"五行"并列。《中庸》注"木神则仁，金神则义，火神则礼，土神则智，水神则信"[3]，将"五行"与"五常"进行了一一对应。董仲舒的理论，将阴阳五行的观念与他主张的"天人感应""三纲五常"融合，至此五行与等级、统治权力紧密地捆绑在了一起。至宋，朱熹进而强调其中的先后关系，言"知信二字位置不能不舛"，即知与信的位置不能不理清楚[3]。

二、五方与五色

明辩四方，对古人来讲是非常重要的大事。它不仅关系到宗教，也关乎兴邦邑、建陵墓、促生产、固生活的实际需要，即所谓的"知方而务事，通神而佑人。"案《周礼·月令》中有关于"大飨遍祭五帝"的记录，说明殷人在祭"方帝"（祭四方）的同时还要祭土（社）神，这就是我国古代早期的五帝（五方）崇拜。所谓"四方"，是以处在中心点的人的自觉认识与领悟为前提。而冕冠延板的色彩，即"上玄下纁"，正是体现在中国古代服色制度上的五方学说理论体系的例证之一。

春秋时期，祭牲的颜色与祭方之间已有了较为固定的联系。据《周礼·画绘》云："画缋之事杂五色，东方谓之青，南方谓之赤，西方谓之白，北方谓之黑，天谓之玄，地谓之黄。"唐代贾公彦疏云："天玄与北方黑二者大同小异。"[4]又据《诗经》孔颖达疏："《大宗伯》云：'以圭作六器，以礼天地四方。以苍璧礼天，以黄琮礼地，以青圭礼东方，以赤璧礼南方，以白琥礼西方，以玄璜礼北方'……然则彼此礼四方者，为四时迎气，牲如器之色，则五帝之牲，当用五色矣"。色彩与方位（方祭）相对应，说明五方色已基本形成，方位的尊卑就自然对应地体现在色彩尊卑上。案《管子·四时》所说："春季木德（星德）用事、夏季火德（日德）用事，秋季金德（辰德）用事，冬季水德（月德）用事。"至于土德，虽然没有在一年中占据明确的位置因而没有相应的"事"，但作者却使它居于中央，而中央又高于四方，人们赋予它辅助、协调甚至统领其余四德的功能作用，故此黄色就获得了神圣的权威而高就于四方之色了[5]。

以五色来确定祭祀礼器、冠服的颜色，一方面是顺应五行学说，另一方面也确实与天时、地理、人事有着一定的联系。如此安排，在人们的心理中造成一种天人感应的意识[6]。正如《易传·文言》云："与天地合其德，与日月合其明，与四时合其序，与鬼神合其吉凶。"

五行与五色、五方位及四神结合起来，能够得出一种系统的序列：东青龙，色青，属木；西白虎，色白，属金；南朱雀，色赤，属火；北玄武，色元（黑、皂、玄），属水；中间色黄，属土。

三、"五色"制度

至迟在周代，奴隶制社会之中逐渐形成了等级观念，自然界中的色彩也被人为地赋予了尊卑等级，并成为中国古代服饰礼仪制度中不可缺少的组成部分。

关于中国古代之服色制度的记载，最早见于《尚书》中所载虞代的史事，即《虞书·皋陶谟》所云："天命有德，五服五章哉""以五采彰施于五色，作服。"❶据孔颖达《礼记注疏》云："五色，谓青、赤、黄、白、黑，据五方也。"[7]刘熙《释名·释彩帛》云："青，生也。象物生时色也""赤，赫也。太阳之色也""黄，晃也。犹晃晃象日光也""白，启也。如冰启时色也""黑，晦也。如晦冥时色也"❷。

周朝政府为了加强对色彩的管理，专设百官来分掌其事，在官府中还设置了染草、染人、缋、慌等染色机构以加强对色彩的管理。封建社会继承并强化了色彩的等级观念。孔子从周，更是把这种色彩观强固化、伦理化[8]。孔子《论语》云："君子不以绀緅饰，红紫不以为褻服"，说的是服色需与穿者及款式的尊卑相符，即高贵的人不用绀、緅等卑色作服，而内衣❸不能用正色或尊色作服。上下尊卑视不同场合与等级而定，这在《周礼》中已有明确对定。

从现代色彩科学理论解释，"正色"乃是原色，"五色"乃"五原色"。其所谓五色，即今日所说的三原色❹加黑、白两色。五色理论反映了古人对色彩科学的基本认识，是古人对生产实践进行科学总结的结晶。青、赤、黄、白、黑被周人视为"正色"，其位尊。由正色相和所生之变色，称为"间色"，其位卑。据《淮南子》云："色之数不过五，而五色之变，不可胜观。"[9]从理论上说，按照五行相生、相胜之理论，五色按一定顺序相互组合、排列能够产生出丰富的色彩变化。例如，与五行相生对应的五色之色彩变化为：木生火对应的是"青和赤"得紫色❺；火生土对应的是"赤和黄"得纁❻；土生金对应的是"黄和白"得絀❼；金生水对应的是"白和黑"得灰；水生木对应的是"黑和青"得綦。与五行相胜对应的五色之色彩变化为：水胜火对应的是"黑胜赤"得深红色；火胜金对应的是"赤胜白"得红❽；金胜木对应的是"白胜青"得缥❾；木胜土对应的是"青胜黄"得绿❿；土胜水对应的是"黄胜黑"得赭。

---

❶ 李隆基注：《传世藏书·经库·十三经注疏·孝经注疏》，海南国际新闻出版中心，第7页。

❷ （宋）刘熙撰，（清）毕沅证，（清）王先谦补，祝敏彻、孙玉文点校：《释名疏证补·卷第四·释采帛第十四》，中华书局，2008年6月，第1版，第147页。

❸ 在中国古代有"外衣尊，内衣卑"之观念。

❹ 五色中的青、赤、黄相当于现代色彩体系中的红、黄、蓝三原色。

❺ 《说文解字》："紫，帛青赤色。"

❻ 《说文解字》："纁，帛赤黄色。"

❼ 《说文解字》："絀，帛浅黄色。"

❽ 《说文解字》："红，帛赤白色。"《急就篇》："缙红絮"颜注："红，色赤而白也。"

❾ 《说文解字》："缥，帛青白色也。"

❿ 《说文解字》："绿，帛青黄色也。"

四、"五德终始"说

战国时期，"阴阳"和"五行"融合，并运用到政治上，形成"五德终始"说。邹衍则进一步提出"五德"学说来说明王朝兴衰更替的规律。所谓"五德"，指的是"五行"中金木水火土分别代表的五种德行，"五德终始"则蕴含着世界运行的规律。马国翰据《文选·魏都赋》李注引《七略》云："邹子终始五德，从所不胜，木德继之，金德次之，火德次之，水德次之。"❶邹衍认为，金胜木，木胜土，土胜水，水胜火，火又胜金，如此循环，五种循环往复运行变化，构成宇宙万物及各自然现象变化的基础。

邹衍又将"五德"与各个朝代的兴替相对应，《史记·秦始皇纪》载："始皇推终始五德之传，以为周得火德，秦代周德，从所不胜。"这就是邹衍"五德终始"之说的体现❷。如淳曰："今其书有五德终始。五德各以所胜为行。秦谓周为火德，灭火者水，故自谓水德。"❸可见，受到邹衍的"五行相胜"和"五德终始"学说的影响，史书中大多载秦始皇尚"水德"。而秦始皇也借助"五德始终"之说，巩固自己的统治地位，"五行"与"五德"的理论被借用于宣扬秦始皇政治的合法性。

秦为"水德"，汉胜秦即为土胜水，因此汉武帝依据五行相克的规律，将汉定为土德。拟订朝代德运，并非仅仅依靠五行相克说，历史上也曾有过以相生来阐释朝代更替的先例。曹魏被定为"土德"，而西晋通过禅让代魏，因此依据五行相生的原理，定西晋为"金德"。隋朝由北周而生，北周为"木德"，因而隋依照木生火的原理，尚"火德"。

"五德终始"说在秦至宋期间，成为多个朝代论证其正统地位的辅助理论，"德运"一说的影响力也渗入了服饰制度之中。《资治通鉴·陈纪》载："六月，癸未，隋诏郊庙冕服必依礼经。其朝会之服、旗帜、牺牲皆尚赤。"注曰："隋自以为得火德，故尚赤色。"❹

"五德终始"说约在宋朝期间衰落。宋代的儒学复兴，在官方、学理的层面消除了"五德终始"说的影响，在南宋末期又有所复兴。直至元代，由于传统的儒家文化传承脉络受到彻底的打断，以"五德终始"说来阐释一个朝代德运的理论体系也退出历史舞台。[10]

五、五行五色与冕服服色

论及冕板用色，《礼记》《周礼》《仪礼图》等皆云："上玄下纁"。玄，正色、位尊，象征

---

❶ 吕不韦编，许维遹集释，梁运华整理：《吕氏春秋集释·卷第十三》，中华书局，2009年，第285页。

❷ （宋）李石撰，（清）陈逢衡疏证，唐子恒点校：《续博物志疏证·卷一》，凤凰出版社，2017年，第39页，第40页。

❸ 司马迁撰，裴骃集解，司马贞索隐，张守节正义；中华书局编辑部点校：《史记·卷二十八·封禅书第六》，中华书局，1982年，第2版，第1369页。

❹ 司马光编著，胡三省音注，标点资治通鉴小组点校：《资治通鉴·卷第一百七十五》，中华书局，1956年，第1版，第5441~5442页。

天；纁，间色、位卑，象征地❶。冕延的用色内涵，不仅反映了我国古代服饰礼仪制度中师法自然、人随天道的境界，也是中国传统文化中五色、五方、五行哲学理论的应用。

按五色说，玄为正色，位尊，象征高贵，是礼服的色彩，可用于冕冠之表；纁为间，位卑，象征低贱，是便服、内衣、衣服之衬里的颜色，可用于冕冠之里[11]。在冕板的用色上，古人按照五行学说的理论进行解释，即上为表、为尊、为阳，象征天，施以玄色；下为里、为卑、为阴，象征地，施以纁色。古人以玄色比天，其说出于《周礼》[12]。据许慎《说文解字》云："黑而有赤色者为玄""玄，幽远也"。古人以"玄"拟天，寓其天道幽深而远。天道广大而无边，神秘莫测，且于不可揣测中又见光明存在。黑暗之光色如火之"赤"，即玄色乃"黑中扬赤"的由来。

天以玄色象征，非完全符合自然之实际情况。汉代扬雄《太玄经·玄告》云："天以不见为玄。"玄乃是道家学说的归源之地，虽然道家谈有也谈无，但老子《道德经》第一章中有"此两者同出而异名，同谓之玄"，在第二章中又有"玄之又玄，众妙之门……"以玄拟天，寓意天永远无可知尽，永远无可尽闻。又有《礼记·玉藻》唐贾公彦疏云："宗伯实柴祀日、月、星、辰，则日、月为中祀。而用玄冕者，以天神尚质。"❷以玄比天，是古人"道协人天"之思想精神的体现。直至清代康熙帝(名玄烨)时，因避讳其名，故将"玄"字改称元色。

许慎《说文解字》云："纁，浅降（绛）也。"❸据《周易·击辞》云："皇帝、尧、舜垂衣裳，盖取诸乾坤。"干为天，其色玄；坤为地，其色黄。但"土无正位，托于南方"❹，按阴阳五行学说，所谓东南西北四方及中央，各有其属性及依于各该属性的代表色，即东方为木——青；南方为火——赤；西方为金——白；北方为水——黑；中央为土——黄。但中央居中，没有自己的方位，于是"托位"于南方，与属水、色黑的北方相对。故中央的土与火同在，火色赤，赤与黄相混合，即是纁色。

据《尔雅·释器》称："一染谓之縓，再染谓之赪，三染谓之纁"。晋人郭璞注："縓今之红也，赪浅赤，纁绛一名也。"又宋代的邢昺所注："縓今之红也"，《说文》云"帛，赤黄。赪，即浅赤也。李巡云'三染其色已成为绛，纁绛一名也'"。又据《汉上易传》卷九云："毛公曰：黄朱染绛者。一入谓之縓，再入谓之赪，三入谓之纁，四入谓之赤。纁，黄赤也。《小尔雅》曰：彤，缊朱也。然则縓、纁、朱皆赤。"[13]由此可知，縓、纁、朱属同类色系。

从染色的角度讲，除一种染料采用多次浸染可得到不同的色彩外，运用色彩混合的原理将两种或两种以上的色彩进行套染，也可染出丰富的间色和复色[14]，只是间色位卑❺，复色次数越多地位越低。冕板之纁色应为套染赤、黄二色所得。

在冕板的前后两端，分别垂挂数串玉珠，名"旒"。穿旒的丝绳以五彩丝线编织而成，谓

---

❶ 由象征地的中央"托位"于南方所得。

❷ 阮元校刻：《十三经注疏·清嘉庆刊本·六·礼记正义·卷第二十九·玉藻第十三》，中华书局，2009年，第3191页。

❸ 《说文解字》："绛，大赤也。"

❹ 《周易郑康成注》："盖取诸乾坤，干为天，其色元。坤为地，其色黄。但土无正位，托于南方，南方色赤。黄而兼赤，故为纁也。"

❺ 间色中以紫色地位最高。

之"缫"或"藻"。

历代冕旒的颜色皆有规定，如在商周，通常采用五种颜色，即在每一串垂旒中，分别相间着赤、青、黄、白、黑五种颜色的玉珠，周而复始。《周礼·夏宫·弁师》："弁师掌王之五冕，皆玄冕朱里延纽。五采缫，十有二就，皆五采玉十有二。"玉笄朱纮。唐贾公彦疏："玉有五色，以青、赤、黄、白、黑于一旒之上，以此五色玉贯于藻绳之上。"[15]到了汉代，则统一采用单色玉珠。蔡邕《独断》："汉兴，至孝明帝永平二年，诏有司采《尚书·皋陶篇》及《周官》、《礼记》，定而制焉。……（天子冕）系白玉珠于其端，是为十二旒，组缨如其绶之色；三公及诸侯之祠着，朱绿九旒，青玉珠；卿大夫七旒，黑玉珠。"[16]后世以降，在沿袭前代的基础上，又各有损益。

据介绍，山东邹县明鲁荒王朱檀墓冕冠出土时，冕旒已经散落，考古队员经过仔细寻找，把 162 颗玉珠收集全，重新组装时，考古队员根据墓中发掘的九缝皮弁的玉珠排列顺序。修复九旒冕每条旒上的玉珠排列顺序，即朱、白、青、黄、黑五采。

珠子的质料不尽相同，有白玉、翡翠、珊瑚。后汉以来，天子之冕，前后旒用真白玉珠。魏明帝好妇人之饰，改以珊瑚珠。晋初仍旧不改。及过江，服章多阙，而冕饰以翡翠珊瑚杂珠。侍中顾和奏："旧礼，冕十二旒，用白玉珠。今美玉难得，不能备，可用白璇珠从之。"所谓璇，亦作"琁""璇""琼"，美玉。《集韵·平僊》："璇，《说文》：美玉也。引《春秋传》：璇弁玉缨……或作琁、璇。"璇玉，一说次于玉的美石。《荀子·赋》："琁玉瑶珠，不知佩也。"杨倞注引《说文》："璇，赤玉。"《山海经·中山经》："（升山）黄酸之水出焉，而北流注于河，其中多璇玉。"郭璞注："石次玉也。"

北京昌平明定陵出土万历皇帝冕冠，其旒除贯有玉珠外还有珍珠。残存红石珠（由白色染红）、白玉珠、青玉珠、黄琥珀珠、黑石珠[17]。

六、汉代五时服

汉朝时，董仲舒提出"五时色"的概念。《春秋繁路》曰："豪杰俊英不相陵，故治天下如视诸掌上。其数何法以然？曰：天子分左右五等，三百六十三人，法天一岁之数。五时色之象也。"❶《后汉书·舆服志》记载："服衣，深衣制，有袍，随五时色。"❷官员朝服穿衣主要采用深衣制，有袍服，采用五时色服制。唐代房玄龄《晋书》云："文武官公，皆假金章紫绶，著五时服。其相国、丞相，皆衮冕，绿綟绶，所以殊于常公也。"❸

---

❶ （汉）董仲舒著，（汉）苏舆撰，锺哲点校：《春秋繁露义证·卷第八·爵国第二十八》，中华书局，1992 年 12 月第 1 版，第 238 页。

❷ 范晔撰，李贤，等注，中华书局编辑部点校：《后汉书·志第三十·舆服下·通天冠》，中华书局，1965 年 5 月第 1 版，第 3666 页。

❸ 房玄龄，等.中华书局编辑部，点校：《晋书·卷二十四》，中华书局，1974 年，第 726 页。

然而，五时服可能并非汉朝普遍应用的服饰。如淳曰："虽有五时服，至朝皆著皂衣。"❶尽管有五时服制度的存在，但与朝中仍旧以黑衣为主。

深衣制的袍服，是汉代的主要常服之一。朝服有严格的等级规定，其服色与五时相对应，形成乐"五时服"的传统，并在魏晋时期得以延续。东晋南朝时期，高级官员给"五时朝服"提供与五时色相照应的五领，低级官员给"四时朝服"[18]。学者杨懿也指出，汉代"五时衣"在晋代正式定名为"五时朝服"，与"四时朝服""朝服"同为晋宋时期的常用朝服形式[19]。

七、五色与等级观念

随着服制不断完善，五色也与等级有了对应关系。《资治通鉴》载"魏始制五等公服"，胡三省补注："公服，朝廷之服；五等，朱、紫、绯、绿、青。"至唐，这一旧制得以延用，并有所补益。

《旧唐书》载，唐高宗上元年间："戊戌，敕文武官三品已上服紫，金玉带；四品深绯，五品浅绯，并金带；六品深绿，七品浅绿，并银带；八品深青，九品浅青，鍮❷石带；庶人服黄，铜铁带。"❸《新唐书》亦云："武德四年，始著车舆、衣服之令，上得兼下，下不得僭上……袴褶之制……三品以上紫，五品以上绯，七品以上绿，九品以上碧。"❹

在五行与五方的对应关系之中，象征土德的黄色位于正中央，使得黄色在中国传统色彩体系中的地位有别于其他四色。在历史进程之中，黄色的地位也在被不断塑造和抬高。汉文帝时期，延续传统的紫红色龙袍与对应"土德"的黄色龙袍并存，黄色出现于帝王的服制之中，与皇权产生了联系。但是，这时黄色还并非帝王专属的颜色。至隋，"帝王贵臣，多服黄纹绫袍"❺，可见黄色在此时仅作为一种社会高层的象征，并非专属与皇室。

至唐，始有对黄色的禁令。唐高宗初，其他黄色仍可以被流官所用，赭（柘）黄为皇帝专用。《旧唐书·舆服》记载："总章元年，始一切不许着黄。"❻可是此"一切不许着黄"事出有因，《唐会要》载："前令九品已上。朝参及视事。听服黄。以洛阳县尉柳延服黄夜行。为部人所殴。上闻之。以章服紊乱。故以此诏申明之。朝参行列。一切不得着黄也。"这则记载在《旧唐书》被省去缘由以及前提，简化为"始一切不许着黄"。

但是这一禁令并未得到严格的执行，仍旧有僭越的现象存在。妇女襦裙之中，仍有用黄，但是并不是用皇帝所专用的柘黄，而是鹅黄、姜黄、浅黄；从使用的面积来看，也用于

---

❶ （汉）班固撰，（唐）颜师古注，中华书局编辑部点校：《汉书·卷七十八·萧望之传第四十八·萧望之》，中华书局，1962年6月，第3278页。

❷ 鍮：指无须冶炼可以直接获得的铜，即天然的黄铜。

❸ （后晋）刘昫，等撰，[M]．中华书局编辑部点校：《旧唐书·卷五》，中华书局，1975年，第99页。

❹ （宋）欧阳修，宋祁撰，中华书局编辑部点校：《新唐书·卷二十四》，中华书局，1975年，第511页。

❺ （唐）刘肃撰，许德楠，李鼎霞点校：《大唐新语·卷之十》，中华书局，1984年，第148页。

❻ （后晋）刘昫，等撰，中华书局编辑部点校：《旧唐书·卷四十五》，中华书局，1975年，第1952页。

细碎和不显眼处[20]。

唐朝时，由官员朝服相关的品色服制度衍生出了对于"绯色"的推崇。皇家常以"赐绯"作为予以有功之臣的恩赏。"赐绯"既象征着皇家恩宠，也象征着地位的提升。史书中关于"赐绯"的记载不胜枚举。《旧唐书》载，宪宗时："召大理卿裴棠棣男损、前昭应令杜式方男惊见于麟德殿前，各赐绯，许尚公主。"❶又载，文宗时："壬辰，召国子四门助教李仲言对于思政殿，赐绯。"❷

宋人延续品色服制度，其对服装颜色与等级制度的理解继承了唐以来的传统。《宋史·舆服志》详细记载了宋人服饰的形制、纹样、用色等情况。宋人司马光《涑水记闻》云："太宗方奖拔文士，闻其名，召拜右拾遗、直史馆，赐绯。故事，赐绯者给银带，上特命以文犀带赐之。"❸与此相关，此时也衍生出了以服色变化嘉奖官员的"借绯""借紫"一说。除服饰外，器物中也有用绯色装饰的习惯。宋仁宗景祐三年曾规定："非宗室、戚里，茶担、食盒毋得覆以绯红。"❹绯红色的茶具、餐具，仅宗室及帝王外戚可用，足见绯红之尊贵。

宋初的官服延续了唐代的"紫、绯、绿、青"四色，此后多次变化。《宋史》载："元丰元年，去青不用，阶官至四品服紫，至六品服绯，皆象笏、佩鱼，九品以上则服绿，笏以木。武臣、内侍皆服紫，不佩鱼。"❺

至元，受到蒙古族的影响，对于颜色的崇尚，在原有五方正色的基础上，又增加了"尚蓝尚白"的喜好。这与蒙古族"苍狼白鹿"的祖先传说相关，这一色尚也反映在工艺美术品，尤其是瓷器之中[21]。

明朝推翻了元朝的统治，建立了以汉族封建统治者为主导的新封建王朝。在服制上，吸取汉民族历史上的服饰传统并加以改造，塑造出了新的服饰体系。这一体系之中，不再完全依靠服饰颜色来区分等级，在纹样、补子等方面也有所规定，形成了皇帝、后妃、官员等不同的服制等级体系[22]。

[1] 顾颉刚.五德终始说下的政治和历史[J].清华大学学报：自然科学版，1930（1）：71-268.

[2] 韩昇.五行与古代中日职官服色[J].厦门大学学报：哲学社会科学版，2004（6）：47-55.

[3] 王应麟.汉艺文志考证：卷九：五行[M].张三夕，杨毅，点校.中华书局，2011：286.

---

❶ （后晋）刘昫，等撰，中华书局编辑部点校：《旧唐书·卷十五》，中华书局，1975年，第449页。

❷ （后晋）刘昫，等撰，中华书局编辑部点校：《旧唐书·卷十七下》，中华书局，1975年，第555页。

❸ （宋）司马光撰，邓广铭、张希清点校：《涑水记闻·卷第三》，中华书局，1989年，第42页。

❹ （宋）李焘撰，上海师范大学古籍整理研究所、华东师范大学古籍整理研究所点校：《续资治通鉴长编·卷一百十九·仁宗·景祐三年》，中华书局，2004年，第2版，第2798页。

❺ 脱脱等，中华书局编辑部点校：《宋史·卷一百五十三》.中华书局，1985年。

［4］李学勤.周礼注疏［M］.北京：北京大学出版社，1999：1115.

［5］王文娟.五行与五色［J］.美术观察，2005（3）：81.

［6］华梅.服饰与中国文化［M］.北京：人民出版社，2001：193.

［7］董英哲.先秦名家四子研究［M］.上海：上海古籍出版社，2014（3）：485.

［8］王文娟.论儒家色彩观［J］.美术观察，2004（10）：89-91.

［9］何宁.淮南子集释［M］.北京：中华书局，1998.

［10］刘浦江."五德终始"说之终结——兼论宋代以降传统政治文化的嬗变［J］.中国社会科学，2006（2）：177-190.

［11］黄能馥，陈娟娟.中国服装史［M］.北京：中国旅游出版社，2001：54.

［12］孙诒让.周礼正义［M］.北京：中华书局，2013.

［13］朱震.汉上易传［M］.北京：九州出版社.2012：253-280.

［14］黄国松.五色与五行［J］.苏州丝绸工学院院报，2000（2）：24-28.

［15］孙诒让.周礼正义［M］.北京：中华书局，2013：2522.

［16］蔡邕.独断［M］.北京：中华书局，1985：26-27.

［17］中国社会科学院考古研究所，定陵博物馆，北京文物工作队.定陵［M］.北京：文物出版社，1990：205.

［18］张珊.东晋南朝服饰研究［D］.南京：南京大学，2016.

［19］杨懿."五时朝服""绛朝服"与晋宋齐官服制度：《唐六典》校勘记补正一则［J］.中国典籍与文化，2014（3）：148-154.

［20］田超.唐代襦裙色彩研究［D］.北京：中国艺术研究院，2017.

［21］尚刚.苍狼白鹿元青花［J］.中国民族博览，1997（1）：34-35.

［22］王熹.明代官员服饰研究［J］.故宫学刊，2008，5（1）：180-216.

明代衮龙袍服色考略

温少华

【摘 要】明代服饰制度中，衮龙袍为皇帝、皇太子、亲王等的常服用袍，与翼善冠（乌纱折上巾）搭配穿着。根据制度来看，明代衮龙袍的服色应分为永乐三年以前和以后两个时期，因为两个时期决定服色的标准完全不同。但长久以来，专家学者对永乐三年前衮龙袍的服色没有关注，也有部分学者未将其分期理解，本文将对明代衮龙袍的服色进行考证。

从制度上看，衮龙袍的服色有必要以永乐三年（1405 年）为节点分前、后两个时期进行分析。因为两个时期决定服色的标准完全不同，永乐三年之前不分身份等级，根据季节确定服色，永乐三年确定了衮龙袍服色身份等级制度。

一、永乐三年以前：以季节别服色

洪武元年服饰制度中，皇帝常服用袍记载为"盘领窄袖袍"，未记载服色。皇太子常服只记载冠帽，未记载服色。

《太祖实录》卷 36 下洪武元年十一月甲子："诏定乘舆以下冠服之制……礼部及翰林院等官议曰：'乘舆冠服……其常服则乌纱折角向上巾，盘领窄袖袍，束带间用金、玉、琥珀、透犀。皇太子冠服……其常服则乌纱折上巾。'"

建文年间服饰制度中，皇太子、亲王、皇太孙、王世子、郡王、皇曾孙、王世孙、郡王世子常服用袍为"衮龙袍，胸、背、两肩四团龙纹（或螭）"，未记载其服色。

《皇明典礼》冠服制度："皇太子冠服……常服，翼善冠。衮龙袍，胸、背、两肩四团龙文。红鞓束带。亲王冠服……常服，并同皇太子。皇太孙冠服（王世子、郡王冠服制同）……常服，并同亲王（惟郡王止许用螭，不许用龙）。皇曾孙冠服（王世孙、郡王世子冠服制同）……常服，并同皇太孙（惟王世孙、郡王世子止许用螭，不许用龙）。镇国将军冠服……常服，乌纱帽。圆领衫，胸背熊罴。带用金素。"

永乐年间衮龙袍服色制度根据《大明会典》（万历本）《冠服》篇中的"永乐三年定"常服制度可知，皇帝常服用袍为"黄色"，皇太子、亲王、世子、郡王常服用袍为"赤色"。

《大明会典》（万历本）卷 60 冠服一："（皇帝）常服……永乐三年定。冠，以乌纱冒之，折角向上（今名翼善冠）。袍，黄色，盘领窄袖，前后及两肩各金织盘龙一。带，用玉。靴，以皮为之。""（皇太子）常服……永乐三年定。冠，乌纱折角向上巾（亦名翼善冠。亲郡王及世子俱同）。袍，赤色，盘领窄袖，前后及两肩各金织盘龙一。带，用玉。靴，皮为之。""（亲王）常服永乐三年定。冠、袍、带、靴，俱与东宫同。""（世子）常服永乐三年定。冠、袍、带、靴，俱与亲王同。""（郡王）常服永乐三年定。冠、袍、带、靴，俱与亲王同。"

此后服饰制度的改订、更定中均未记载帝王常服制度，也就不涉及衮龙袍的服色问题。

学术界普遍认为，自洪武初年衮龙袍的服色即为皇帝用黄色，皇太子以下采用赤色。如图1~图3所示，台北故宫博物院藏《明太祖坐像（七）》《明成祖坐像》，以及布达拉宫藏《明成祖像（永乐二年绘制）》中，朱元璋、朱棣所服衮龙袍均为黄色，或许这也是历来学术界认为明初皇帝衮龙袍即为黄色的原因之一。但如上所述，在明代，皇室成员根据身份区别衮龙袍的服色是在"永乐三年定"制度中。虽然"永乐三年定"的意义还没有完全明确❶，但至少永乐三年已经完成了以身份区分服色的制度。那么，明建国之初至永乐三年前的三十余年衮龙袍服色是否有所不同，目前中国及韩国关于明代衮龙袍的先行研究中未提及这个问题。

图1　明太祖御容（台北故宫　　　图2　明成祖御容（台北故宫　　　图3　明成祖御容（布达拉宫藏）
　　　博物院藏）　　　　　　　　　　　博物院藏）

---

❶《大明会典》（万历本）中"永乐三年定"的意义为"永乐三年制定的制度"或"该制度源自永乐三年成书或刊布的书籍"，尚不能确定。李之檀先生在《明宫冠服依仗图》稿本整理出版前言中认为现残本（《明宫冠服依仗图》残本）应源自永乐三年礼部进呈的《冕服卤簿依仗图》，是《大明会典》的底本源头。

　　朝鲜王朝太祖李成桂（1335–1408）现存御真有二，一幅李成桂身着青色衮龙袍（图4），一幅身着红色衮龙袍（图5）。青色衮龙袍本是李成桂在位时期绘制，至今保存完好。红色衮龙袍本是朝鲜宪宗（第24代国王，1827～1829年在位）朝，根据青色衮龙袍本绘制的朝鲜太祖红色衮龙袍本，经火灾烧毁，残存。朝鲜王朝为明代藩国，其国王享明亲王级，按照永乐年间制度，其衮龙袍理应为红色，为何会穿着青色衮龙袍，有韩国学者推测朝鲜国王为追随明王朝，以明为中心，朝鲜王朝位于东方，属青，所以穿着青色衮龙袍。但这种推测缺乏可靠的史料依据。

图4　朝鲜太祖李成桂御真
（韩国御真博物馆藏）

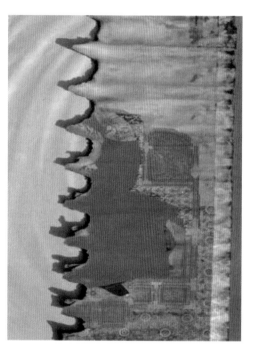

图5　朝鲜太祖李成桂御真
（韩国国立故宫博物馆藏）

　　解决以上问题及困惑，在朝会礼仪服饰中能够找到答案。《明集礼》卷十七《朝会》篇中收录"乘舆（皇帝）冠服""皇太子冠服""诸王冠服"条，记载朝会礼仪中皇帝、皇太子、诸王的服饰。其中常服用袍的服色如下："常服则用乌纱折上巾，盘领衣，服色按月令，春用青，夏用红，秋用白，冬用黑，其土王之日则用黄。"皇太子冠服："常服用皂纱折上巾，服诸色盘领衣。"诸王冠服："（常服）乌纱折上巾，诸色盘领衣。"

　　在传统五行思想中，春属东，为青色；夏属南，为红色；秋属西，为白色；冬属北，用黑色；中间为黄色。洪武三年（1370年）修撰《明集礼》时，常服用袍（盘领衣）的服色根据五方色来确定。根据各方位不同季节，春季（3～5月）服色为青，夏季（6～8月）服色为红，秋季（9～11月）服色为白，冬季（12～2月）服色为黑，土王日服色为黄色。根据以上引文，皇帝服色根据季节定为五方色，而皇太子、诸王的服色仅记载为"诸色"。通常，"诸色"可以理解为"多种颜色"，但根据皇帝服色来看，在这里将其理解为"五色"较为妥当。

由此可以说洪武三年皇帝、皇太子、诸王均按照季节穿着五色衮龙袍。

众所周知，四时分为孟、仲、季。春天分为孟春、仲春、季春；夏天分为孟夏、仲夏、季夏；秋天分为孟秋、仲秋、季秋；冬天分为孟冬、仲冬、季冬。按照阴阳五行说，春天木旺，夏天火旺，秋天金旺，冬天水旺，每个季节末尾 18 日属土，为土王之日。土王之日是指土气旺盛的日子，即土旺日。从节气来看，春土旺为从谷雨（4 月 20 日左右）前 3 日至立夏（5 月 5 日左右）前；夏土旺为大暑（7 月 23 日左右）前 3 日至立秋（8 月 7 日左右）前；秋土旺为从霜降（10 月 23 日左右）前 3 日至立冬（11 月 7 日左右）前；冬土旺为大寒（1 月 20 日左右）前 3 日至立春（2 月 4 日左右）前。在以上土旺日，皇帝、皇太子、诸王等身穿象征土地的黄色衮龙袍。整理不同季节帝王衮龙袍服色见表 1。

表 1 《明集礼》之《朝会》篇中的皇帝、皇太子、诸王衮龙袍服色

	时期	服色
春	3～5 月	青
	土旺日（4 月 20 日左右～5 月 5 日左右）	黄
夏	6～8 月	红
	土旺日（7 月 23 日左右～8 月 7 日左右）	黄
秋	9～11 月	白
	土旺日（10 月 23 日左右～11 月 7 日左右）	黄
冬	12～2 月	黑
	土旺日（1 月 20 日左右～2 月 4 日左右）	黄

由此可见，明初（"永乐三年定"制度以前）皇帝以下衮龙袍并未按照身份等级制定服色，而是均以季节区分服色。直到永乐初制定服色等级制度，以季节区分服色的制度在明初维持了三十余年。明太祖御容中出现的黄色衮龙袍，既可以看作是在五色中选择了黄色进行绘制，也可以看作是后世所画。

二、永乐三年以后：以身份别服色

如上所述，据《大明会典》（万历本）记载，至少在永乐三年，皇帝和皇太子以下衮龙袍服色分别被确定为黄色和红色。但是从实物和图像资料中可以看出，皇帝衮龙袍的服色需要考虑更多的情况。

（一）皇帝

1.黄色衮龙袍

皇帝专用黄色衮龙袍的规定，除了在《大明会典》（万历本）中的"永乐三年定"制度中体现外，《明宫冠服依仗图》"永乐年间冠服图"收录皇帝的黄袍（图6）、皇太子的红袍（图7）也印证了这一点。《明实录》中多次收录"黄袍""翼善冠黄袍""黄袍翼善冠"，时间主要集中在洪熙至万历年间（1425～1596年），均为皇帝服饰的相关记载（表2），由此可以确认黄色衮龙袍的使用情况。

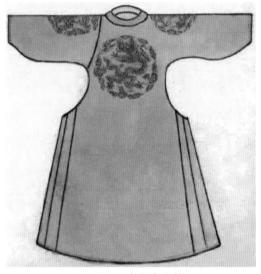

图6　皇帝衮龙袍

图7　皇太子衮龙袍

此外，两岸故宫藏明代皇帝御容中，成祖、仁宗、宣宗均穿着黄色衮龙袍，英宗、宪宗、孝宗、武宗、兴献王、世宗、穆宗、神宗、光宗、熹宗所服衮服也为黄色或赭黄色。"徐显卿宦迹图"中，明神宗戴翼善冠时所服圆领袍均为黄色。

表2　《明实录》中"黄袍"相关记载

时期	内容
《宣宗实录》洪熙元年（1426年）九月二十二日	戊午，初行在礼部尚书吕震奏："仁宗皇帝丧服，今百日之外，请上服黄袍御奉天门视朝。"上不允，敕少师吏部尚书蹇义等再议。至是，义等言："皇上孝思无穷，而礼贵得宜。今当祔庙之后仍素服于西角门视朝。至孟冬行时享礼。"太常奏："祭祀，是日早，鸣钟鼓，上服黄袍御奉天门视朝，至正月初一日为始，俱鸣钟鼓。上服黄袍御奉天门视朝，庶为允当。上可其奏。"
《英宗实录》天顺六年（1462年）十二月一日	辛酉朔，上省郊祀牲。是日，太常寺奏："祭祀，上服黄袍御奉天殿，百官常服侍班。及诣南郊，百官易吉服。以从礼部请。今日以后，朝参鸣钟鼓，如常仪。"
《英宗实录》天顺七年（1463年）润七月四日	辛酉。礼部上每后胡氏尊谥仪注。前一日，鸿胪寺官于奉天门设谥议文案。是日早，上服黄袍翼善冠升御座。

续表

时期	内容
《宪宗实录》 天顺八年（1464年）三月二十四日	丁丑。礼部尚书姚夔奏："四月初一日孟夏时享太庙，太常寺例预奏祭祀。然梓宫在殡，是日，请上具黄袍翼善冠升殿，鸣钟鼓，鸣鞭，乐设而不作。百官具浅淡色衣朝参。从之。"
《宪宗实录》 成化元年（1465年）正月二十五日	癸酉。礼部上祭先农仪注……上还大次，更翼善冠黄袍，讫。太常卿寺奏请诣耕耤位。
《宪宗实录》 成化十一年（1475年）十二月二十四日	己亥。上恭仁康定景皇帝尊谥……上服黄袍翼善冠立于奉天门。
《孝宗实录》 弘治元年（1488年）润正月十九日	礼部进耕耤田仪注……上还具服殿，更翼善冠黄袍，百官俱更服，太常卿入奏请诣耕耤位。
《武宗实录》 弘治十八年（1505年）十二月二十六日	丙子。礼部上祭先农耕耤田仪注……礼毕，乐止。上还大次，更翼善冠黄袍，讫，太常卿奏请诣耕耤位。
《武宗实录》 正德元年（1506年）正月二十六日	丙午。礼部具视学仪注……上入御幄，更翼善冠黄袍，讫，礼部官奏请幸彝伦堂。
《世宗实录》 嘉靖元年（1522年）正月五日	礼部奏耕耤礼仪……上还其服殿，更翼善冠黄袍。
《世宗实录》 嘉靖元年（1522年）正月二十六日	礼部上三月初七日幸学仪注……上入御幄，更翼善冠黄袍。
《世宗实录》 嘉靖八年（1529年）八月十九日	壬午。驾祀山川诸神……至日早，上具翼善冠黄袍御奉天门……上由殿中门出，至具服殿，易翼善冠黄袍。
《世宗实录》 嘉靖八年（1529年）十二月十九日	上具翼善冠黄袍，御奉天门，太常寺官跪奏请圣驾诣太庙。
《世宗实录》 嘉靖九年（1530年）正月十八日	己酉。礼部上耕耤仪注……上具翼善冠黄袍，御奉天门……先农毕，还具服殿，更翼善冠黄袍。
《世宗实录》 嘉靖九年（1530年）正月二十九日	是日早，免朝。上具翼善冠黄袍，御奉天门……上入御幄，更翼善冠黄袍，升轿。
《世宗实录》 嘉靖九年（1530年）十二月十九日	是日早，免朝。上具翼善冠黄袍，御奉天门……上入御幄，更翼善冠黄袍，升轿。
《世宗实录》 卷121嘉靖十年（1531年）正月七日	是日早，上具翼善冠黄袍，御奉天殿视朝……上入御幄，更翼善冠黄袍，升轿至世庙门……
《世宗实录》 嘉靖十年（1531年）正月二十八日	癸丑。礼部上耕籍册仪注……上具翼善冠黄袍，御奉天门，太常寺官奏请诣先农坛……上还具服殿，更翼善冠黄袍。
《世宗实录》 嘉靖十年（1531年）三月八日	癸巳。礼部上祭西苑土谷坛仪注……是日早，上具翼善冠黄袍，御奉天门视朝。

续表

时期	内容
《世宗实录》 嘉靖十年（1531年）四月一日	是日早，免朝。上具翼善冠黄袍，御奉天门，太常卿跪奏请圣驾诣太庙。
《世宗实录》 嘉靖十二年（1533年）二月二十五日	上入御幄，更翼善冠黄袍，讫。礼部官入奏请幸彝伦堂。
《世宗实录》 嘉靖十七年（1538年）十月三十日	庚午。礼部上改题高皇帝，高皇后神主仪……上具翼善冠黄袍，乘板舆至太庙门。
《世宗实录》 嘉靖十七年（1538年）十二月二十六日	上具翼善冠黄袍，御殿，百官公服致词。
《世宗实录》 嘉靖十八年（1539年）二月三日	奉安列圣帝后神位……至日质明，上具翼善冠黄袍，诣重华殿内外。
《世宗实录》 嘉靖十九年（1540年）正月九日	皇上具翼善冠黄袍，御奉天殿，令文武百官具公服致词行礼。
《世宗实录》 嘉靖二十年（1541年）正月九日	是日，玄极殿拜毕，请具翼善冠黄袍出，御殿，行礼。
《穆宗实录》 隆庆元年（1567年）六月二十六日	礼部进圣驾临幸太学行释奠礼仪注……上入御幄，更翼善冠黄袍。礼部官入奏请幸彝伦堂。
《穆宗实录》 隆庆二年（1568年）二月九日	己丑。礼部请圣驾亲祭先农，上躬耕耤田仪注……上回至具服殿，更翼善冠黄袍……
《神宗实录》 万历四年（1576年）七月二日	礼部拟进幸学仪注……上入御幄，更翼善冠黄袍，讫。礼部官入奏请幸彝伦堂。

2. 红色、玄色衮龙袍

明初服饰制度中，衮龙袍指前胸、后背、两肩装饰四团龙纹的圆领袍。明代中后期，皇帝衮龙袍形态更为多样，出现了八团、十团、十二团（衮服）等，其服色除了黄色外，在出土实物及图像资料中也出现了更为多样的服色。

出土的纺织品发掘后暴露在空气中，通常会变为缃色，难以把握其本来的颜色。但也有部分墓葬在发掘时仍保存其原来的颜色，考古人员在报告书中记录下来，定陵考古就是其中之一。定陵出土的比较完整的四团衮龙圆领袍有 3 件，在出土报告中，2 件（W335，W350）为黄色，1 件（W375）为柳黄色。从"衮龙袍料"可以确定为"四团衮龙圆领袍料"的有 7 匹，其中 3 匹（W266，W284，W271）是黄色，4 匹（W113，W283，W248，W159）是红色。八团衮龙圆领袍出土 8 件，报告显示，黄色 4 件（W89：3，W89：4，W89：6，W156），红色 3 件（W89：2，W89：5，W89：7），1 件（W89：1）无服色记录。十团衮龙圆领袍料 1 匹，在报告中称为红色。5 件衮服中黄色 1 件（W232），红色 4 件（W239，

图8　入跸图局部
（台北故宫博物院藏）

图9　徐显卿宦迹图·岁祷道行图
（故宫博物院藏）

W336，W157：1，W174 ）。

图 8 描述的是明神宗谒陵归来的情景，神宗头戴装饰二龙戏珠的乌纱翼善冠，身着双肩装饰日、月的玄色四团衮龙袍。玄色衮龙袍在服饰制度上无法确认。在特殊情况下，即与凶礼相关的情况下也有可能穿着玄色，如图 9 所示，以及"山陵躬祭仪"中皇帝穿着没有龙纹的素青服❶。但与此相比，入跸图描述的是谒陵后回宫的场景，因此推测谒陵时可能穿着没有衮龙纹的素青服，但回宫时穿着龙纹的衮龙袍，为显示和平时不同，所以穿着了玄色衮龙袍。

可见，永乐三年后皇帝衮龙袍的服色除了黄色，还有红色、玄色，是否还有其他服色，尚不能确认。

（二）皇太子以下

《大明会典》（万历本）"永乐三年定"制定中，皇太子、亲王、世子均被定为穿着赤色衮龙袍。这些身份的实际服色可根据皇帝赐予的衮龙袍或衮龙袍料的相关记载得知。在《明实录》中受赐衮龙袍的有亲王、世子、郡王等，部分记载了衮龙袍或衮龙袍料的颜色，颜色全部为大红色。例如，"大红织金衮龙""大红衮龙""大红织金闪色团龙常服""大红织金团龙常服"等（表3）。

---

❶ 《大明会典》（万历本）卷90《陵坟等祀》。

表3 《明实录》中受赐衮龙袍或袍料的相关记载

年代	内容	备注
《英宗实录》 景泰五年（1454年） 一月二十五日	丁丑。怀仁王逊焴奏："'先蒙朝廷赐衮龙袍，今年久不堪服用。'诏：'给大红纻丝纱罗各一与王，自制。'"	赐亲王：大红纻丝纱罗各一（织物）
《英宗实录》 景泰六年（1455年） 三月五日	宁河王美埫奏："臣幼年受封，蒙赐袍服，今已短窄，乞赐大红衮龙纻丝纱罗各一匹，令臣自制袍服。"从之。	赐亲王：大红衮龙纻丝纱罗各一匹（织物）
《英宗实录》 景泰六年（1455年） 五月十日	甲寅。赐西河王美埻衮龙袍服。临川王磐熚，沁源王幼埼大红织金衮龙纻丝纱罗各一疋。以各王奏袍服敝坏不堪服用，故也。	赐亲王：衮龙袍服：衣服 大红织金衮龙纻丝纱罗各一疋（织物）
《英宗实录》 景泰六年（1455年） 五月十日	甲寅。赐西河王美埻衮龙袍服。临川王磐熚，沁源王幼埼大红织金衮龙纻丝纱罗各一疋。以各王奏袍服敝坏不堪服用，故也。	赐亲王：大红织金衮龙纻丝纱罗各一疋（织物）
《英宗实录》 景泰七年（1456年） 三月一日	方山王美垣奏："受封之日蒙赐袍服，今皆垢弊，乞赐大红织金衮龙纻丝纱罗各一疋，令臣自制。"从之。	赐亲王：大红织金衮龙纻丝纱罗各一疋（织物）
《英宗实录》 景泰七年（1456年） 三月二十二日	辛卯，宜城王贵节（宜城王贵节：旧校改节作熾）奏："臣及妃仪仗俱未蒙颁赐，臣旧赐袍服，今俱垢弊，乞赐仪仗并织衣衮龙大红纻丝纱罗各一疋，俾臣自制袍服。"从之。	赐亲王：织衣衮龙大红纻丝纱罗各一疋（织物）
《英宗实录》 天顺元年（1457年） 六月七日	保安王公𨰻奏："缺织金衮龙红青黑绿纻丝纱罗常服各色衬衣，乞各赐一袭。"上命尚衣监如数制，予之。	赐亲王：织金衮龙红青黑绿纻丝纱罗常服各色衬衣（衣服）
《英宗实录》 天顺元年（1457年） 八月一日	壬辰朔，衡山王贵，洵阳王禄埤，各奏："旧赐袍服年久敝坏。"上命赐大红织金衮龙纻丝纱罗各一疋。	赐亲王：大红织金衮龙纻丝纱罗各一疋（织物）
《英宗实录》 天顺二年（1458年） 七月四日	赐湘阴王贵熠，大红织金衮龙纻丝纱罗各一疋，以王奏冊封时年幼，未蒙给赐也。	赐亲王：大红织金衮龙纻丝纱罗各一疋（织物）
《武宗实录》 正德二年（1507年） 十二月十三日	太监李荣传旨："令礼部查宁王宸濠孝行"。礼部疏："其孝有五……"上命加王禄米二千石，赏衮龙红文绮三匹，绢一匹……	赐亲王：衮龙红文绮三匹（织物）
《世宗实录》 嘉靖四十四年（1565年） 九月二十五日	交城王表奏："进白鹿……"诏赐白金百两，大红金彩衮龙服三袭。	赐亲王：大红金彩衮龙服三袭（衣服）
《神宗实录》 万历三十三年（1605年） 二月二十八日	蜀王宣圻贡扇，回赐如例，仍加赐银一百两，大红罗常服一袭。	赐亲王：大红罗常服一袭

续表

年代	内容	备注
《神宗实录》万历三十三年（1605年）十二月六日	肃王绅尧贡马五十匹，回赐大红纻丝常服一袭，银三百两，彩假六表里。	赐亲王：大红纻丝常服一袭
《神宗实录》万历三十三年（1605年）十二月七日	皇孙诞育……叔祖岷王，叔祖唐王，叔沸王楚王肃王蜀王，弟潞王崇王，鲁王荣王淮王襄王代王吉王韩王庆王，姪周王赵王晋王秦王德王衡王姪孙荆王，大红织金闪色团龙常服，纻丝一袭，纱一袭，罗一袭……郑世子益世子靖江王，大红织金团龙常服，纻丝一袭。	赐亲王：大红织金闪色团龙常服（纻丝，纱，罗各一袭）赐亲王世子：大红织金团龙常服（纻丝一袭）
《神宗实录》万历三十五年（1607年）十一月十一日	肃王绅尧进马五十匹，命赐王书，并大红纻丝常服一袭，白金三百两，彩假六表里。	赐亲王：大红纻丝常服（一袭）
《神宗实录》万历三六年（1606年）一月二十一日	潞王……庶生第一子……特赐勅谕，仍赐玉带一围，银一千两，大红纻丝罗常服各一袭，彩假六表里，用示隆眷亲亲之意弟其承之。	赐亲王：大红纻丝罗常服（各一袭）

　　红色衮龙袍在万历二十一年墓主未详的亲王级墓葬中出土的记载"敛衣数目"的墨书中也能得到确认。"翼善冠一顶……大红五彩织金纻丝四团龙圆领一件……万历二十一年六月□日"。《崇祯朝野纪》中记载："上服黄袍，东宫二王俱服红袍。"

　　通过以上内容，永乐三年后皇太子以下的衮龙袍服色只确认大红色，其他颜色则无法确认❶。

三、结语

　　综上所述，在服饰制度方面，明代衮龙袍的服色可分为两个阶段：第一阶段为建国之初至"永乐三年定"以前，该阶段不分身份等级，衮龙袍服色根据季节区分，采用五方色，即，春——青、夏——赤、秋——白、冬——黑，各季节土旺日则用黄。这一发现也合理地解释了长期以来韩国学者困惑的问题——为何朝鲜太祖李成桂御真中着青色衮龙袍。第二阶段为"永乐三年定"制度确定以后，该制度中确定了明代皇室衮龙袍根据身份等级区别服色的规定，皇帝用黄色，皇太子以下用红色（赤色）。但在后期的绘画及实物资料中，皇帝衮龙袍除了黄色，还使用了红色和玄色。由此推测，制定皇帝服黄色衮龙袍制度后，也可能根据实际穿着场合而使用了红色和玄色。这一阶段皇太子以下衮龙袍服色只有红色。

---

❶　（清）李逊之辑《崇祯朝野纪》："（崇祯十五年六月）二十一日，上召府部九卿科道入政宏门，赐饭。上御中左门，皇太子，定王，永王左右侍立，各官行一拜三叩头礼，朝东宫亦一拜三叩头，朝二。

［1］北京市文物局图书资料中心.明宫冠服依仗图［M］.北京：燕山出版社，2016.

［2］北京市昌平区十三陵特区办事处.定陵出土文物图典［M］.北京：北京出版社出版集团，北京美术摄影出版社，2006.

［3］山东博物馆，山东省文物考古研究所.鲁荒王墓［M］.北京：文物出版社，2014.

［4］山东博物馆.衣冠大成［M］.济南：山东美术出版社，2020.

［5］江西省博物馆，等.江西明代藩王墓［M］.北京：文物出版社，2009.

智慧绽放的花朵——色彩随想

谢大勇

【摘　要】五行五色早已融入古代国人的文脉，成为传统文化的一个组成部分，有了五行五色，色彩被赋予更多的伦理道德与哲学内涵。本文叙述了关于古代色彩观念的主观感受，并指出国人在现代色彩学中有所缺憾的根源所在。

旭日初升，霞光绚丽；晓月西垂，其色如水；春归大地，桃红柳绿；金秋玉露，菊黄枫赤；草木枯荣，四时随色。色彩无言地陪伴我们一生，我却从没有深情地与她对视。色彩默默地守护着生活，我到今日才审视她的奥秘。我们对生活的认识始于色彩，峻岭上的白马红袍勾起你内心的冲动，走近后你才会仰视那深邃的目光；苍翠下的青衣粉裙拨动你思绪的琴弦，到身旁你才会关注那细密的针脚。色彩总是吸引你第一瞥的目光。

大千世界，光彩夺目，山的绵延、水的曲折、草的丛生、木的挺拔、火的烈焰、花的娇嫩、日的斑斓、月的幽明，无一不是色彩赋予的五光十色。古人言："采施曰色，未用谓之采，已用谓之色。"换言之，天地万物为我们提供了气象万千的无限光彩，让我们调和出妙不可言的无尽颜色，勾勒出人世间最动人的胜景。

于是我们的先人以衣裳为画布描绘出丰富优美而带有哲理的纹饰，"青与白相次也，赤与黑相次也，玄与黄相次也。此言画缋六色所象，及布采之第次，缋以为衣。青与赤谓之文，赤与白谓之章，白与黑谓之黼，黑与青谓之黻。五采备谓之绣。此言刺绣采所用绣以为裳。"

我们的先哲早已经对色彩痴迷，参悟其中的奥秘，提取万紫千红之中最为耀眼的青、赤、黄、白、黑，建立"五行五色"的学说。《周礼·考工记》载："画缋之事，杂五色。东方谓之青，南方谓之赤，西方谓之白，北方谓之黑，天谓之玄，地谓之黄。"在姹紫嫣红、绚丽多彩之中，提炼精华，五色足矣。

明代杨慎《丹铅余录》道："行之理有相生者，有相克者，相生为正色，相克为间色，正色，青赤黄白黑也，间色，绿红碧紫流黄也。木色青，故青者东方也。木生火，其色赤，故赤者南方也。火生土，其色黄，故黄者中央也。土生金，其色白，故白者西方也。金生水，其色黑，故黑者北方也。此五行之正色也。甲巳合而为绿，则绿者青黄之杂，以木克土故也。乙庚合而为碧，则碧者青白之杂，以金克木故也。丁壬合而为紫，则紫者赤黑之杂，以水克火故也。戊癸合而为流黄，则流黄者黄黑之杂，以水克土故也。此五行之间色也、流黄一作骝黄。又汉人经注间色作奸色，《礼记》间声作奸声。"

把伦理观念代入"五行五色"的古代色彩观，正是古人智慧所在。有了正与间色彩的融入，便有了好与恶立场的区分。孔子面对礼崩乐坏，道出"恶紫夺朱"的心声；老子出函谷关，有了"紫气东来"的吉祥。诗情画意少不得色的衬映，人间冷暖离不开的彩的渲染。红日喷薄、雾霭氤氲、斜阳细雨、玉盘高悬，这些色彩观念已经渗透国人血脉，浸润历代文脉。有人因"雨过天青云破处，这般颜色做将来"而千古传诵，有人因"夺朱非正色，异种亦称王"而身首异处。颜色表达了态度，"山外青山楼外楼，西湖歌舞几时休""何须浅红深碧色，自是花中第一流"。色彩具有温度，"千里莺啼绿映红，水村山郭酒旗风""红楼隔雨相望冷，珠箔飘灯独自归"。战争中有"黑云压城城欲摧"的紧迫，亦有"千里黄云白日曛"的别绪。民俗中既有"十里红妆"的喜庆，亦有"青黄不接"的哀愁。

红、黄、蓝三原色加上黑与白这没有光彩的极端之色，组成"五行五色"，五色相生为正色，五色相克为间色，如此暗合现代色彩学的基本观念。循环往复，组配出多彩的妙不可言的人间色彩。要知道计算机最基本的二进制也不过"1"和"0"，可是却组合成万事万物的千姿百态。这便是"天地和而万物生，阴阳接而变化起""道生一，一生二，二生三，三生万物"，天地之间有了人，一切人间奇迹都可能出现。正所谓"弱水三千，只取一瓢""掬水月在手"，以少见多、以小见大之谓也。

自此以后，颜色不仅是色彩，也是世道。朝代更迭有了五德始终的注脚，服色制度成为辨别等威的规矩，黄冠成为道士的代称，僧衣有了缁衣的别名，粉黛特指貌美的女子，黔首留给了布衣。

"五行五色"不是精确的科学，却是精彩的哲学。宋代沈括《梦溪补笔谈》云："玄，赤黑，象天之色；纁，黄赤，象地之色。故天子六服皆玄衣纁裳，以朱渍丹秫染之。"

冕服上玄下纁，玄本泛指黑色，用玄而不用黑自有其玄妙。老子《道德经》言："玄之又玄，众妙之门"，《说文解字》道："玄，幽远也。"用玄，自带哲学味道。玄不是纯黑，而是"黑中扬赤"的一种天象，天黑为时辰，天玄是道行。王宇清先生说："天道幽深而远，窥测维艰。"黑与玄，"前者是说化学现象，后者是说心志的寄寓。"玄衣之称藏有"天道"的思想。以玄拟天，玄乃天道。

不仅如此，古人还将自己更多的情感因素融入色彩，使得色彩带有温情与寄托。

清代俞樾《茶香室丛钞》：福色：国朝李斗《扬州画舫录》云："扬郡着衣，尚为新样。十数年前缎用八团，后变为大洋莲、拱璧兰。颜色在前尚三蓝、朱、墨、库灰、泥金黄。近用高粱红、樱桃红，谓之福色，以福大将军征台匪时，过扬州着此色也。按福色之名，今犹沿之，莫知其由福大将军得名矣。"这里的"福色"主要指福康安大将军平定台湾时，过扬州所穿着服装的颜色，具有祈福辟邪之意味。

香色，从字面即可知颜色已经与味觉、嗅觉相关。唐代白居易《吴樱桃》诗："含桃最说出东吴，香色鲜秾气味殊。"唐代薛能《桃花》诗："香色自天种，千年岂易逢。"清代昭梿《啸亭续录·香色定制》："国初定制，皇太子朝衣服饰皆用香色，例禁庶人服用。"香色实际上就是茶褐色，因其色彩高雅而被称为香色。

从上述两例可以看出清代的色彩已经具有现代色彩学所包含的心理感受的内容了。可是现代色彩学的创立为什么不是我们中国人呢？

我们的古人可以对彩色给予高度的概括，可以将伦理化入其中。为什么没有用高超的智慧来把握现代色彩学精准定量定性的色彩呢？依我管见，这与我们传统的"天人合一"理念是密不可分的。我们的祖先奉行"一阴一阳谓之道"，道是万物互化之宗，顺天行气之本。有了形而上的"道"，上可法天，下可则地，因此人与自然，物我不分，你中有我，我中有你，他们不愿跳出自然之外冷眼旁观。要知道我们的祖先早就懂得红黄蓝是最耀眼的色彩，更懂得"墨分五色"的道理，更有各种染色固色的丰富经验。

因此，中国的艺术长于写意，西方优于写实；中国善于表现，西方专于再现；中国追求意象，西方找寻真相。同样的思维，不同的模式。

中国的先贤圣哲将自己的意识、观念、情感、倾注于色彩之中，给出疑似科学的解释与内在结构，赋予色彩以厚重的文化内涵、强烈的伦理观念、深刻的哲学思辨、浓重的民族情结。可就是不愿意跳到大自然的对面，去分辨那些波长、频率、可见光、不可见光之类。既然有"道"，何必穷"器"。

因此，五行五色多了世间的包容与温度，少了科学的独立与排他。我们应延续古人的智慧，努力掌握现代色彩学的本质，提升色彩学服务于当今社会的巨大审美作用。

［1］郑玄，孔颖达. 礼记正义：月令第六［M］. 郜同麟，点校. 上海：上海古籍出版社，2008.

［2］钱玄，钱兴奇，等. 周礼：考工记［M］. 长沙：岳麓书社，2001.

［3］杨慎. 丹铅余录［M］. 上海：上海古籍出版社，1992.

［4］沈括. 梦溪补笔谈［M］. 上海：商务印书馆，1937.

［5］俞樾. 茶香室丛钞［M］. 北京：中华书局，1995.

［6］昭梿. 啸亭续录：香色定制［M］. 上海：上海古籍出版社，2012.

［7］许慎. 说文解字［M］. 北京：中华书局，1963.

2021 年 5 月 10 日第一届中国国际华服设计大赛正式启动

战略合作签约仪式

武汉纺织大学华服设计大赛宣讲活动

贵州民族大学华服设计大赛宣讲活动

昆明学院华服设计大赛宣讲活动

2021 武汉时尚艺术季

第一届中国国际华服设计大赛 Logo 发布

实地考察

第一届中国国际华服设计大赛"华服"定义论证

第一届中国国际华服设计大赛作品初评

纺织非遗助力乡村振兴行动倡议新闻发布会

2021 年 9 月 25 日第一届中国国际华服设计大赛颁奖盛典

第一届中国国际华服设计大赛颁奖盛典丽江分会场

第一届中国国际华服设计大赛颁奖盛典米兰分会场

纳西新装

第一届中国国际华服设计大赛揭牌仪式

中华传统礼仪服饰与古代色彩观论坛部分代表参加尼山世界文明论坛

德锦服饰在第一届中国国际华服设计大赛亮相

中国国际时装周 2019 年 10 月 26 日德锦发布会

中国国际时装周 2020 年 5 月 3 日德锦发布会

德锦——时色

中国国际时装周 2020 年 10 月 27 日德锦发布会

德锦——高手　　　　　　　　德锦——天德

中国国际时装周 2021 年 3 月 3 日德锦发布会

德锦——德星

中国国际时装周 2021 年 9 月 9 日德锦发布会

德锦——尚方